亚洲的神秘丛林

[意]克里斯蒂娜·班菲　[意]克里斯蒂娜·佩拉波尼　[意]丽塔
徐倩倩◎译

四川教育出版社

图①

目 录

前 言 多种多样的环境 1

第一章 丛林中的“猎人” 1

虎 3

优雅“猎手” 17

隐藏的捕食者 25

雨林里的熊 37

雨林里的蛇 45

第二章 森林中的“人” 55

猩猩 57

长臂猿 67

其他树栖者 75

第三章　胆小的“巨人”　83

犀牛　85

丛林野牛　91

第四章　丛林中的飞行者　97

飞行的哺乳动物　99

会飞的蜥蜴、蛇和蛙　105

图②

图③

前　言

多种多样的环境

亚洲大陆被绵长的喜马拉雅山脉分为两个部分。喜马拉雅山是一座非常高的山脉，且从东到西延伸超过2200千米。这样一座“屏障”的存在对其两边的气候产生了很大的影响，尤其是南部的气候：它阻挡了印度洋的水汽扩散，为当地的亚热带森林带来了独特的气候条件。

南亚次大陆

亚热带覆盖的区域非常广阔，自然环境也充满了多样性。印度被称为次大陆，不只因为它拥有宽广的领土，更因为其不同的地理区域呈现出多样化的自然环境。不论从干旱的亚热带沙漠地区到大草原，还是从落叶林到雨林，在这片大陆都能找到相对应的自然环境。

翡翠群岛

越靠近亚洲东部，地理环境也变得越多样化。这里有起伏的山脉和崎岖的海岸，数不清的岛屿被茂密的植被覆盖着，向南逐渐分散开来，其中包括世界上最大的一些岛屿，例如苏门答腊岛、爪哇岛和加里曼丹岛。

丛林

在这样一片广袤的土地及密林深处，还栖息着许许多多的动物种群。几个世纪以来，这些生活在亚洲土地上的神奇动物一直被神秘的光环笼罩着，深深吸引着人们不断去探索和发现。英国文学家鲁德亚德·吉卜林在《丛林之书》中就描述了这些动物的生活：老虎、大象、猴子、黑豹。对于这些丛林之主来说，再没有比这里更合适的生长环境了。

正是由于地区的多样性和分散性，这里出现了一些局部地区特有的物种，它们会最大限度地受到栖息地减少的影响，例如猩猩。与之相对应，大部分其他物种分布的区域则非常广泛，例如老虎，它们能栖息在不同的环境之中，无论是在热带雨林还是在西伯利亚雪原，都能看到老虎的身影。

季风

事实上，季风这一气候现象并非亚洲独有。但季风给亚洲地区所带来的大面积的灾难性气候影响，让亚洲的季风更广为人知。季风带来的降雨遵循非常精确的季节性节奏，并与大陆和海洋不同时期的升温、降温有关。

春季，气温的回暖让大陆产生了大面积的低气压，从印度洋过来的潮湿空气会产生持续4个多月的大量降雨，并使很多地区发生决堤和洪水。

而在冬季，由于海洋与陆地的升温条件是相反的，因此随温度变化产生的季风的方向也与夏季相反。此时季风将会从北向南吹，把潮湿的空气带回大海。

图②，两条棕榈毒蛇在窥伺周围的危险环境
图③，老虎非常喜欢有水的环境。如图，一只老虎正在水边休息

当然，季风为大地带来的降水对于随后的干旱期会有极大的缓解作用。尽管季风带来的洪水会对生产造成很大的破坏，但从整体来说，降雨仍被认为对农业生产和整个环境非常有益。

我们可以用数字来直观表现季风降雨这种现象的严重程度。在多雨地区，一个季节的降雨量甚至会超过 10 米！

雨林

尽管季节交替产生的季风主要影响南亚次大陆，但如果你从中南半岛到巽他群岛沿着东南方向不断深入，就会发现这里常年炎热多雨，甚至一整年都在下雨，没有雨的日子是非常罕见的。

人们很难想象在这种气候状况下植物是如何生长的。但实际上，正是在这里，人们发现了世界上植被生长最茂盛的热带雨林。由于该地区的特殊构造，海舌将一个个岛屿隔开，使得这些雨林不同于中非或南美洲的雨林。它们有着非常明确的生长区域，也正是由于地理环境上的隔离，这里拥有世界上最丰富的生物多样性。

这里人迹罕至，却拥有众多生物物种。在最受保护的地区栖息着世界上最大的稀有动物——亚洲犀牛。而在雨林这样一个垂直环境中，从地面到树木最顶端的 40~80 米高的范围里，也同时分布着各种各样的物种。

树荫之下

在亚洲森林的土地上，由于阳光的缺乏，生活着许多非常害羞的

■ 上图，我们可以非常清楚地看到懒熊奇特的下唇结构
■ 页码 4~5，苏门答腊犀牛是犀牛中唯一有着明显体毛的种类
■ 页码 6~7，一大群倒挂在树枝上的狐蝠，正在等待日暮降临后飞行觅食

动物。它们经常会藏在灌木丛的深处探头探脑。令人难以置信的是，像大眼斑雉（通常体长 2 米）这样大型的鸟类在这种环境下穿行也很难被发现。但是在发情期，雄性大眼斑雉会非常高调地张开一根根巨大的神似彩虹色眼睛的羽毛吸引配偶。这里还生活着体型如同兔子般大小的鼷鹿，它们是世界上最小的有蹄类动物。与此同时，这片广袤的森林也是世界上体型最大的牛科动物的栖息地，例如，巨型印度野牛的肩高甚至能超过 2 米。还有许多动物会时常“拜访”森林的“低层”。事实上，森林中的大部分动物都拥有一定的攀爬技能，例如懒熊和马来熊这样的熊类就很会爬树，即使它们通常生活在地面上。

错综复杂的林木

在亚洲森林中，最典型的动物种群就是与树木环境息息相关的树栖动物。为了适应在树木枝杈间的活动及生活，它们的身体甚至会进化出一些特殊的构造和功能。每个物种都以自己独特的方式生活在这片栖息地之中：无论是飞行、跳跃、爬行、滑行，还是谨慎小心地移动，都是它们在森林之间穿梭行走的方式。

在哺乳动物中，我们发现有两种非常极端的移动方式：一种是“大胆”的长臂猿，善于利用双臂钩住树枝，交替向前运动（它们可以从一根树枝腾空悠荡到另一根树枝上）；另一种则是“慵懒”的懒猴，行动特别迟缓，走一步似乎要停两步。

亚洲森林也是飞禽的天堂，甚至不乏一些我们日常生活中已经非常熟悉的鸟类：家鸡和孔雀。现在我们所熟知的家鸡的野生祖先之一，就是原鸡印尼亚种。它们经过培育饲养成为家养品种，即现在农场里的公鸡和母鸡。当然，在天然栖息地中的原鸡和在农场里生活的家鸡在外表和习性上也略有区别。这让你不会那么快地想到，原来身边的家鸡也会在亚洲森林中生活。

孔雀也是如此。家养的孔雀可以在花园中尽情舒展自己的华丽羽毛，而亚洲森林里的野生孔雀穿行在树木和灌木丛中时，你很难看见它们美丽的羽毛。

树木间的飞行者

在丛林中，总能听见鸟类婉转悠扬的啼鸣声，让整个环境充满了勃勃生机。但你要是想看到这些小家伙，却非常不容易。其中，还有一些猛禽窥伺着丛林中的猎物。

在菲律宾，生活着一种稀有的禽类，名字叫食猿雕。它们是世界上最强大的猛禽之一。它们的名字已经表明了它们偏爱的猎物。

最令人惊讶的是，亚洲丛林似乎是动物学习飞行技能的“进化试验场”。哺乳动物也试图学会飞行，并且许多都取得了非常好的成果，例如种类众多的蝙蝠，包括翼展超过 1.5 米的巨型狐蝠。但是，除了蝙蝠以外的哺乳动物，单具备滑行能力已是非常神奇的了。有些动物的滑翔能力可以与飞蛇、飞蜥、飞行壁虎甚至两栖动物媲美！

丛林中还生活着一些体型巨大的蛇类，例如岩蟒和绿树蟒。它们具有独特的树栖习性。除此之外，还有更广为人知和令人恐惧的眼镜蛇，每年仍会有很多当地居民成为受害者。

当然，在这样一个充满奇妙生物的环境中，怎么能缺少昆虫的存在呢？这里有巨大的甲虫，也有美丽的蝴蝶以及自然界孕育的最完美隐匿者——叶子虫。

待探索的绿色世界

事实上，亚洲的热带丛林仍然存在不为人知的地方。因为我们总能发现一些从未见过的新物种，或重新发现那些曾经被认为永远消失了的物种。

尽管现在我们遵守环境保护的法律法规，但这些动物的自然栖息地仍然在不断减少，甚至有些物种还没有被人类发现，就已经默默地消失了……

令人感到欣慰的是，为了我们地球上这些独特且不可替代的自然遗产，一直以来都有许多国际组织不遗余力地去守护它们。

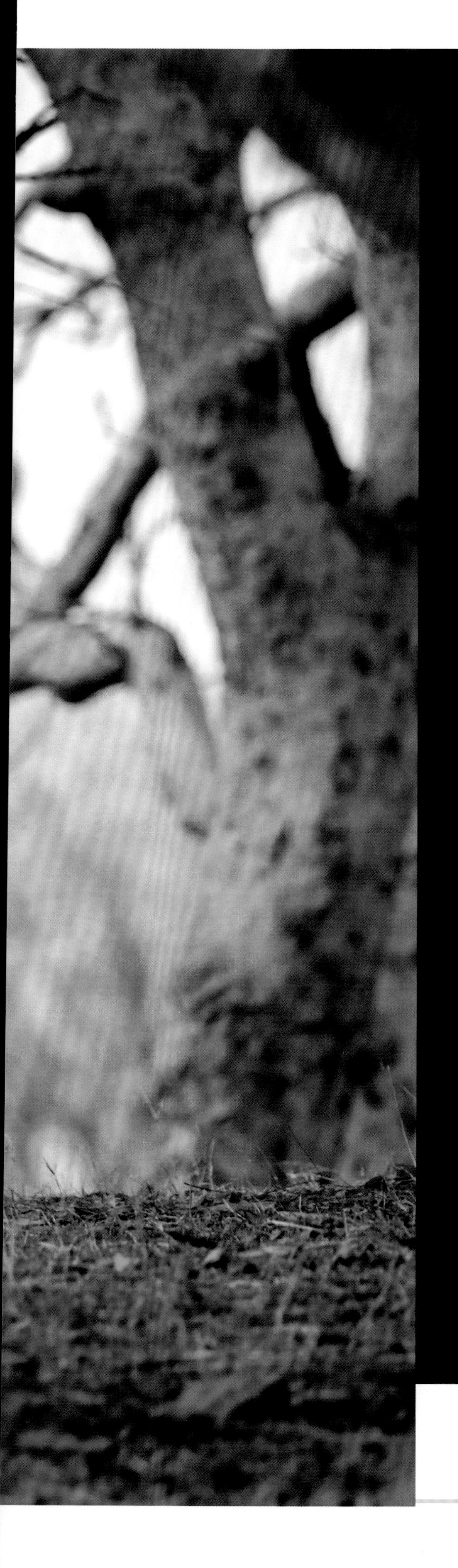

第一章 丛林中的“猎人”

丛林的表面由密度很大的绿色植被覆盖，地面通常是泥泞的，到处都是树枝和倒下的树干，上面还有高大的树木像帐篷一样支盖着。下面几层植被的密度取决于阳光穿透上层树木的程度，照进来的阳光越多，密度就越大。所以这样的环境对于捕食者来说，并不利于追捕，尤其对于体长 2.5 米、体重 200 千克的“猎人”老虎来说更加困难。但是在茂密的丛林中，不乏各种体型的“猎人”和猎物。每一位“猎人”可能都拥有自己的狩猎技术，当然大多数的猫科动物还是常以伏击的方式捕杀其他动物。

猫科动物的敏捷性是众所周知的，但在所有亚洲丛林中，除了老虎并不擅长攀爬树木外，其他猫科动物尤其是黑豹，都具有典型的树栖行为。而说到敏捷性，则不得不提到灵猫科家族的林狸，它们是一种体形细长的食肉动物，甚至可以在树枝间追逐、捕猎松鼠。而其他灵猫科如麝猫或迟钝的熊狸，虽然也具有攀爬能力，但行动迟缓、缺乏敏捷性。

左图，当老虎置身于开阔的环境中，皮毛的颜色有助于其进行伪装

虎

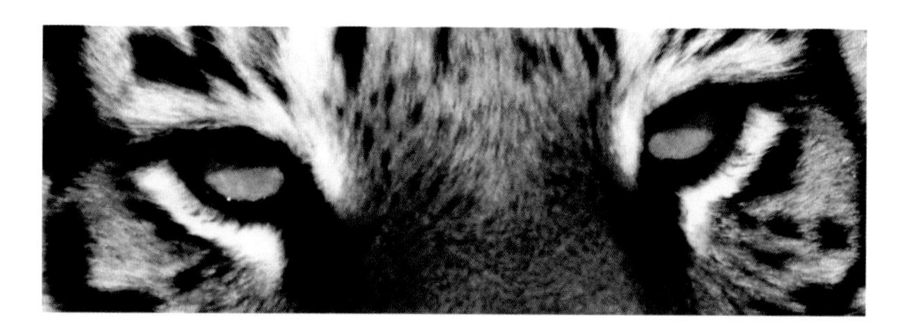

当虎穿行在丛林之中时，皮毛上美丽的色彩与丛林的明暗光影相互交织，使其完美隐匿于自然环境中。当它们伏下巨大的身躯紧盯目标，在丛林之中一步步靠近自己的猎物时，你就能发现虎确实是完美的丛林“猎人”。

源于寒冷环境的猫科动物

虎的栖息地范围很广。从东南亚的热带雨林到西伯利亚的东南部，你都能发现它们的踪迹。可以说，不论是全年气候炎热多雨的地区，还是冬季温度低于零度的寒冷地带，它们都能完美适应。有人认为虎起源于印度，后来逐渐向北移动，来到寒冷地带。但事实却恰恰相反：该物种最初主要分布于北方，后来才向南扩散，并且完美适应了与起源地完全不同的栖息环境和气候。

在向其他地域扩散、辐射并适应的过程中，虎在各个区域演化为不同的亚种。这些亚种由于生活地区的不同，在体型大小、体毛的长短厚薄、毛色的深浅浓淡、条纹的多寡疏密、尾巴的粗细等形态上产

■ 页码 2~3，这只虎发现了猎物，伏下身体小心谨慎地向猎物靠近
■ 上图，三只虎正在共同分享猎物—— 一只斑鹿
■ 右图，一只虎踱步走出森林

生了一定差异。

孟加拉虎也被称为印度虎，是最著名的老虎，也是最大的虎亚种之一。一只雄性孟加拉虎的体长可达 2.5 米，体重可达 250 千克。

西伯利亚虎的体型更大，体长约为 2.8 米，体重约 300 千克。野生西伯利亚虎的体色夏季呈棕黄色，冬季呈淡黄色，体毛比热带虎的更加厚重和浓密，看起来十分威风。

印度和印度尼西亚的亚种虎皮毛颜色最为鲜艳，在黄色和鲜艳的橙色间变化。当它们移动时，由于毛发很短，能看到它们流畅的肌肉线条。从正面看，它们头圆、吻宽、眼大，嘴边长着白色间有黑色的硬须；毛色绮丽、稀短，头部条纹较密；耳背为黑色，有白斑；全身底色是杏黄色，毛色按栖息地从北向南呈黄色到红色渐变，背面有双行的深色条纹，较其他虎亚种的黑色条纹更窄；腹面及四肢内侧为白色，尾上约有 10 个黑环，眼上方有一个白色区，仿佛戴上一块面具一般。事实上，著名的白虎并不属于西伯利亚虎，而是孟加拉虎的一种稀有白化个体。

大同小异的虎与狮

老虎和狮子在外表上的巨大差别让人很难将它们混淆：雄狮的鬃毛是均匀的浅棕色，尾巴上有一簇黑色的毛，而老虎的尾巴则有着黑色的美丽花纹。可以说这两种动物在外表上没有任何共同之处。

令人难以置信的是，如果我们将这两种动物的毛发去掉，甚至就连专业的动物学家也无法区分它们，因为它们的肌肉、头骨，甚至整个骨骼都是大致相同的。

这个神奇的事实也给我们追溯两种动物的起源和历史带来了非常大的困难。因为你很难分辨出它们的化石遗骸究竟是属于老虎还是狮子。

尽管这两只“大猫”如今的栖

息地范围不同，但过去它们很可能共同生活在亚洲的大部分区域。

另一个能够证明这两个物种之间有着亲密关系的事实是它们可以互相交配。雌狮与雄虎杂交出来的品种叫作“虎狮兽”，虎狮兽具有狮、虎共有的血统和特征。相反，“狮虎兽”是雄狮与雌虎杂交后的品种。在自然环境中，狮和虎的栖息地很少重叠，因此狮虎兽和虎狮兽主要是人类影响或主使之下的产物。通常它们的成活率很低，自身几乎没有生殖能力。雄性狮虎兽的体型会比其父母的体型更大，是所有猫科动物当中体型最大的。

目前在自然界中，印度西部的吉尔森林栖息着最后的亚洲狮群，但是它们的领地很少与老虎的生活范围相重合。老虎的领地更为分散，而且更靠近东部。这两个物种在栖息地方面也有着非常不同的偏好。狮子喜欢开阔的地带，可以忍受炎热和干燥的气候，而老虎则需要生活在靠近水的地方。因此自然情况下，二者碰巧相遇的机会是非常罕见的。

完美的掠食者

过去，老虎被认为是最佳的狩猎捕食者，因为它们十分凶险，极具侵略性。在当地人心目中，它们是造成许多伤亡的罪魁祸首。提到虎，人们就会联想到奸诈、狡猾，甚至感到恐惧，可以说谈虎色变，老虎就是凶残的“食人者”。事实上，这凶恶的名声与老虎作为超级

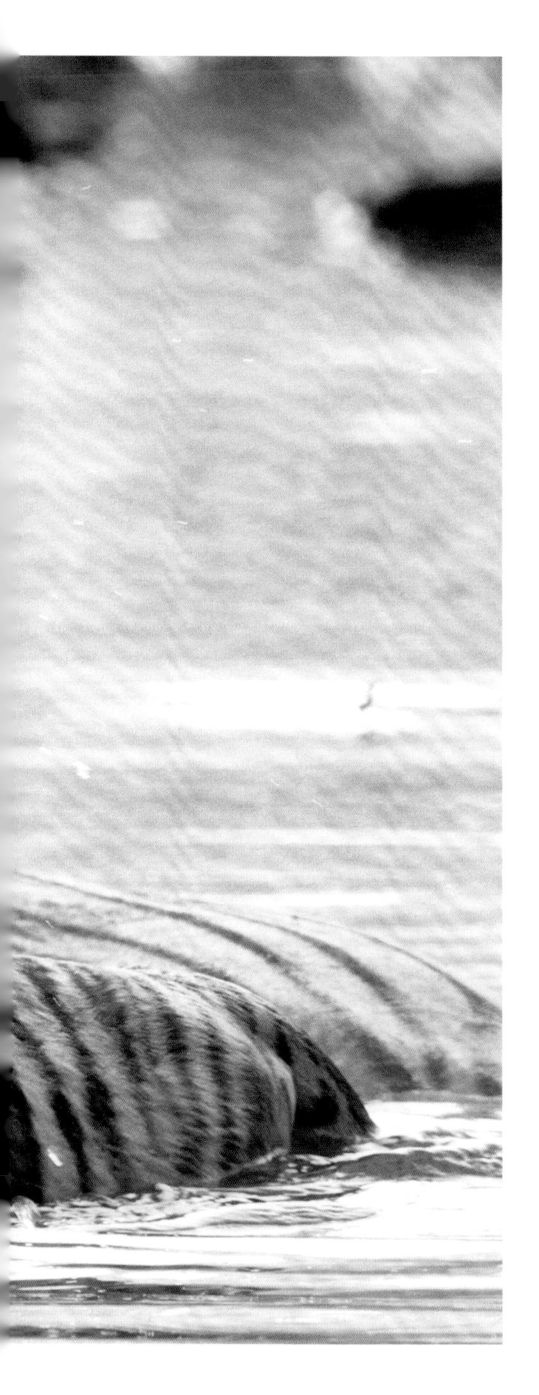

左图，洗澡时，小虎崽向母亲表达亲昵
上图，猫科动物独特的移动幼崽的方式

掠食者的习性是完全不同的。

除了人类以外，老虎并没有其他可以压制它们的天敌。因此在自然环境中，老虎一直以来都位于食物金字塔的顶端。

老虎的体型、身体结构和锋利的爪牙让它们可以轻而易举地杀死强壮的大型猎物，例如水牛或野牛。当一只老虎独自狩猎时，其天生优秀的捕猎能力更为突出。

老虎还有一个非常特别的习性，它们非常喜欢水。炎热地区的老虎特别喜欢在水塘里泡澡嬉戏。在最热的时期，它们甚至会一直待在水里泡“乘凉澡”。这也从侧面证明了老虎在热带地区感受到的炎热比在西伯利亚大雪里感受到的寒冷更令其难以忍受。此外，它们的游泳本领也非常高超，可以进行长距离游泳。

老虎的典型狩猎技术就是伏击，这种战术尤其适合在遮掩物多的森林里进行。但是，这往往需要经历非常漫长的等待。通常，老虎喜欢在植被的遮掩下移动，悄无声息地寻找猎物下手。老虎多在黄昏活动，白天会潜伏休息，没有被惊动很少出来。当然，这也取决于居住范围和季节，比如在寒冷的北部居住的老虎有时白天也得外出活动并四处觅食。在捕猎时，老虎的听觉和视觉会帮助它们确定猎物的位置，嗅觉也会起到一定的作用。

老虎通常喜好捕食大型哺乳动物，例如鹿、野猪和羚羊。锋利的爪牙和强大的力量使它们能够捕食

大型的牛科动物，有时候甚至会捕猎其他大型食肉动物，例如熊。

老虎遇到猎物时会伏低身体，并且寻找掩护，慢慢前进，等到猎物进入自己的攻击范围时，突然跃出。为了避免猎物反抗，老虎会直接攻击猎物的背部，先用爪子抓穿猎物的背部并把它们拖倒在地，再用锐利的犬齿紧咬住它们的咽喉使其窒息，直到猎物死亡才松口。这种攻击方式也是猫科动物最典型的攻击方法。老虎的另一个攻击手段是咬断对手的脊椎，这在大型猫科动物中是较常见的。

野猪是老虎最难捕猎的动物之一，因为野猪群体之间会相互配合，守护自己的同类。雄性野猪非常好斗，体型强壮，獠牙也十分锋利，其强大的战斗力往往会让捕猎者望而生畏，捕猎者必须及时撤退以免受到严重伤害。

当第一次伏击没有成功时，如果环境允许，老虎会毫不犹豫地追捕猎物。因为自身重量很大，所以老虎在奔跑时会最大程度地利用其全部肌肉力量。但是在追逐过程中，它们往往会因为植被、泥泞或水道

小百科

狩猎者

老虎是陆地上最强大的狩猎者之一，唯一能与之媲美的对手只有狮子，但它们之间的狩猎方式却不同。老虎是独行侠，喜欢单独活动。老虎喜好的猎物根据它们分布的地区而有所不同，最典型的猎物包括各种野鹿、野羊、野牛、野猪、麝等有蹄类动物。不论是长有橙色斑点的野鹿，还是体重可达300千克的印度水鹿和鬃毛水鹿，都是老虎喜好的猎物。老虎狩猎时异常凶猛，迅速而果断，以尽可能小的能量消耗获取尽可能大的收获为原则。老虎狩猎一般分为3个阶段：首先是双方短暂的追击战；然后，老虎会跳跃到猎物的后背并咬住其脖子，放倒猎物；最后，猎物会很快窒息而死。这一紧张刺激的狩猎过程往往会在几秒钟内结束。

等障碍而被迫减速。因此，这样狩猎的成功概率很低，通常十次里面可能只有一次是成功的。除了捕猎大型动物，老虎也不会放弃捕食其他小型动物的机会，有时会捕捉一些啮齿动物，还有蜥蜴、青蛙，甚至昆虫。

捕捉到猎物以后，老虎会将其拖入茂密的植被深处，再尽情享用自己的战利品。老虎的力量非常大，它们甚至可以拖拽猎物移动长达100米的距离。

独居的强者

老虎的生活习性与大多数猫科动物一样，主要体现在繁殖季节与雌性、幼崽相处的关系中。老虎是独居动物，特别是雄虎，它们不会成群结队，并且有着自己的领地。但是同胞兄弟姐妹之间很可能会在一段时间内相互协作，共享收获。根据栖息环境、地形和猎物的密度，老虎的活动范围一般在50~1000平方千米。雄虎比起雌虎来说，则需要更大的活动空间。

老虎会用具有强烈气味的分泌物和尿液界定自己的势力范围。雄

虎的领地通常是雌虎的3倍，但是一只雄虎的领地内可能不只有一只雌虎。这些雌虎的领地一般不会重叠，它们会互相避开。

“懂礼貌”的野兽

老虎是一种社会性不强的动物，雄性和雌性会独自生活和捕猎，甚至永远都不会相遇。但是，当老虎们偶然遇上同类时，也很少会发生冲突，还会出现这样的场景：老虎会和其他未参与捕猎的同类共享一个大型猎物。它们还会礼让，在旁边等待杀死猎物的那只老虎先享用大餐。

抚养幼崽的雌虎也会有这样的举动：当雌虎猎到猎物时，它们会立即让自己的幼崽先享用。如果碰巧有些幼虎在用餐时非常霸道，不让别的兄弟姐妹吃，雌虎还会站出来主持公道，让大家有秩序地享用大餐。

老虎的吼叫声有力而响亮，但老虎一般不会发出吼叫，在繁殖季节追求异性或和成年同类互动时要

冲突与碰撞

当两只老虎相遇时，它们会尽量避免冲突。作为一种极为凶猛的野兽，老虎拥有非常强大的力量。这种力量对于猎物和它们的同类来说都是致命的。也许，这就是两只老虎之间很少出现流血冲突的原因，它们不希望出现不必要的伤亡。

但当冲突真的发生时，这种碰撞就会尽显野兽的力量与凶猛：在左侧的图片中，两只面对面打斗的老虎可以直立达到2.5米的高度，碰撞的同时往往也伴有可怕的虎啸，令人不禁感到害怕。

发出叫声，在与同类分享猎物时也会发出叫声用于威胁震慑。

除了吼叫之外，老虎还会通过鼻孔发出呼噜噜的喷气声。当它们想和成年同类打招呼，或是求偶时也会发出呼噜噜的声音。

老虎这种“大猫”和我们家中的猫咪一样，当雌性照顾幼崽时，经常会向幼崽发出轻微的呼噜声和短鸣声以示亲昵。

老虎经常发出的另外一种典型声音与水鹿发出警报的声音非常相似，是一种短而响亮的嘶叫声。由于水鹿是老虎喜爱的猎物，一种观点认为，老虎发出这种声音是为了引诱水鹿接近自己。但事实上，老虎发出这种声音时更有可能是为了警告其他老虎注意自己的存在，只是碰巧这种声音和水鹿的声音比较相似。

种族的繁衍

老虎的交配可以在一年中的任何时候进行，妊娠期约3.5个月。

聚　焦

濒危的物种

在过去的 100 年里，由于各种原因，老虎的数量急剧下降。其中，主要的原因就是它们被过度猎杀，华丽的皮毛让老虎招致杀身之祸。事实上，直到最近的年代，这种动物皮草贸易才正式被禁止。更现实的是，为了使动物和人类免受危险掠食者的侵害，老虎被当成“害兽”捕杀。（讽刺的是，这种借口并非完全没有道理）

但是，一直以来还有一个最严肃的问题，那就是人类生产和活动区域的扩张对老虎野生栖息环境造成的破坏。

仅剩 2000 多只的孟加拉虎

现如今，老虎是一种濒临灭绝的物种。孟加拉虎是数量最多、分布最广的亚种，但也仅剩 2000 多只。而其他地区本地化程度较高的亚种数量更加稀少，其种群数目只有几百，甚至更少。

左图，千万不要被“大猫”温顺、可爱的一面误导，它们可以瞬间化身为凶猛且致命的食肉动物

在产崽前，母虎一般会寻找一个庇护所，例如一个由大的空心树干组成的洞穴或是一片非常茂密的植被。通常母虎一胎可生两三只幼崽，最多是6只。刚出生的幼崽是很难被看见的，它们非常弱小，体重只有1千克左右。母虎需要一直哺乳6个月左右，才可以放心带领幼虎离开庇护所。之后，幼虎会跟随母亲生活两年左右，主要学习日后生存的必备技能，直至离开母亲去找寻自己的领地。

上图，西伯利亚虎是体型最大、最强壮的虎种

右图，白虎是孟加拉虎的白色变种

优雅“猎手”

如果说豹是猫科动物中最优雅的，那么毫无疑问，黑豹是其中最高贵的代表。黑豹拥有如丝绸般短而锃亮的皮毛，黄色的眼睛在黑瞳的映衬下透出一丝狡黠。

暗夜精灵

黑豹也许是豹群里最优雅的，它们就像身着深色西服的绅士。但实际上，除了颜色，带有斑点的普通豹子和黑豹之间并没有任何区别。

黑豹是豹的黑色变种。当豹患有“黑变病”时，它们的毛色基因会发生突变，黑色素远高于正常色素。这是由遗传机制决定的。豹子的毛色通常呈棕黄色并带有黑色斑点，而黑豹的身体上有许多黑色空心的斑块。所以如果你仔细观察，在特定的角度下仍然可以看到黑豹身上典型的斑点花纹。

黑豹拥有一身华丽的黑色豹纹大衣，黝黑锃亮，丝绸般的光泽让皮毛显现出一种稀有的高级美感。除了豹以外，其他猫科动物有时也

会出现黑色变种。例如生活在美洲热带雨林的美洲虎就经常会出现黑色变种。但是这种情况在其他物种中却很少见。在印度尼西亚茂密的雨林中，你经常能够看到黑豹的身影，但是黑豹并不是亚洲独有的变种。非洲豹的幼崽中也可能会出现黑色变种，只是比较罕见。有趣的是，在印度尼西亚，黑豹比正常斑点花纹的豹还要多。

同一物种的不同品种

豹的分布范围很广，不仅遍及整个撒哈拉以南的非洲，而且覆盖了南亚的大部分地区，并向西延伸到阿拉伯半岛（现在这里的数量很少了）。

在如此多样的环境下，豹也演变出了不同的亚种，每个亚种都具有不同的特征，但通常都被人们统称为豹，只有当它们具有黑色皮毛

页码 16~17，隐藏在植被中的黑豹正在窥伺周围的动静

左图，黑豹是豹家族中最优雅的成员，它们灵活穿梭往返于大地和树木之间

上图，在黑豹的美丽特写镜头中，你可以发现它们的眼睛通常是黄色的，偶尔也会有绿色或蓝色的眼睛

时，才会有单独的名称——黑豹。

匀称的体型、矫健的身姿、强有力的爪牙、机敏的性情、强大的感官，让豹子成为名副其实的综合素质最优秀和适应能力最强的“猎人”之一。它们的活动范围很大，猎物的选择也更广泛。

和它们的亲戚老虎一样，豹也喜欢水，但它们不会经常游泳。豹休息时常常爬到较高的树上，选择在枝杈、横枝干上趴卧，移动时拥有惊人的敏捷力。因此对豹来说，热带雨林是栖息环境的不二之选。

热带的亚洲豹与非洲豹相比，体型更小一些，尤其是在中南半岛和印度尼西亚的雨林中生活的黑豹。雄性豹的体重约为 50 千克，雌性豹的体重约为 35 千克。相对而言，拥有更为轻盈的身体和娇小的体型的动物会更加适应雨林中的环境，尤其是像豹这样的树栖动物。

上图，一只黑豹也可以产下花色斑点的幼崽
右图，与之相对，花色斑点的雌豹也可以产下黑色的幼崽

虽然黑色有利于动物在雨林环境中隐藏自己，但对于昼伏夜出的黑豹来说，黑色皮毛的优势也没有那么明显了。相反，与斑点花纹的豹子相比，黑豹在白天活动时更需要注意隐匿自己的身影。

敌人与猎物

当吉卜林在撰写他的著作《丛林之书》时，并没有忘记描写一对丛林中强劲的对手，那就是亚洲黑豹与比它们更大的狩猎者——老虎之间的关系。

这两种“大猫”一般会生活在相同的环境之中，但是往往不会发生过多冲突。通常领土上强烈的气味已经向对方宣告自己的存在，因此这两种生物会尽量避开彼此。

当两者针锋相对时，通常黑豹是处于劣势的，但老虎作为体型更大的狩猎者也不能小瞧它们的对手：处于紧张状态的黑豹是非常危险的动物，如果遭到猛虎攻击，它们会转过身，紧紧抓住并撕咬攻击者的咽喉，同时锋利的后爪会非常快地向对手的腹部袭去，所带来的杀伤力是非常强的。当然这些都是极端的情况，通常具有出色的敏捷性的黑豹会尽量避免直接的肢体冲突，它们会蹿到树上躲避老虎的攻击。

除了老虎之外，黑豹的另一个敌人就是野猪。当黑豹袭击野猪的幼崽时，会和野猪发生激烈的冲突。有充足的案例表明，在对峙中，有时黑豹会不敌野猪，甚至会受致命伤，凭借敏捷的行动力才能侥幸逃过一劫。

黑豹的猎物一般是鹿和较大的有蹄类动物的幼崽，但主要的猎物是猴子。黑豹能在丛林的树枝间灵活跳跃，捕食叶猴或长臂猿，是非常优秀的丛林猎手。

正如所有的猫科动物一样，黑豹也是杂食动物，偶尔也会捕食鸟类、鱼类。黑豹也是捕鱼能手，它

上图，一只黑豹停下来紧紧盯着摄影师。这种场景是非常罕见的，因为黑豹喜欢在夜晚活动，白天一般会躲在茂密的植被中

们会耐心地在浅水岸边等待鱼儿游过，然后突然蹿入水中用前爪和下颌抓住它们。

当食物缺乏时，它们还会捕食青蛙、蝼蛄、蝗虫等。偶尔，还会吃一些较甜的植物果子。

领地和繁殖方式

黑豹有自己一定的活动领域，雄豹是不允许其他雄性在自己的领地里栖息的。在交配期，它们会释放出明确的气味信号来吸引附近的异性来到自己的领地。

黑豹的交配期为数日或十余日，雌雄豹每日会在一起狩猎，在此期间反复交配。交配期过后，雌雄豹便各自分开。

雌豹的孕期大约为3.5个月。刚出生的幼崽睁不开眼睛，没有行动能力，体重约0.5~0.6千克。根据父母的遗传基因，同一窝幼崽中可能会同时出现半黑半斑点、纯黑或纯斑点的小豹子。

在哺育期间，雌豹会一直照顾幼崽，大约3个月后幼崽就可以从巢穴中出来和雌豹一起外出活动。雌豹对于幼崽是非常呵护和关心的，如果它们对庇护所不满意，就会立刻将一只只幼崽用嘴叼着，转移到它们觉得更安全的地方。

为了避免洪水将巢穴淹没，雌豹会提前将幼崽运送到更高的地方，躲避洪水。

自然保护区

自然栖息地对于豹的生存来说非常重要，因此印度、斯里兰卡和整个东南亚的自然保护区为包括雨林黑豹在内的各种豹的亚种的生存提供了良好的栖息环境和保障。

小百科

树上的生活

在所有的猫科动物中，豹是最能适应树上生活的物种。亚洲丛林的黑豹就特别喜欢在树上生活。与非洲豹相比，亚洲豹的体型更小，重量更轻。当然，健壮的肌肉也足以使亚洲豹成为树上的“杂技演员”。它们可以追逐猎物直至距地面数十米的最细的树枝，甚至还可以捕猎到猴子这样非常敏捷、擅长在树木之间跳跃的动物。豹子会利用有力的爪子在光滑的树干上移动。它们非常擅长在树上进行连续的跳跃，每一次跳跃之间只有很短的停顿。

杀死猎物后，为了避开其他窥伺战利品的对手，豹子会将猎物放在高处，安心地享用。从树上跳下来时，它们会利用有力的爪子控制下滑的速度，并寻找支撑物作为缓冲，直到距离地面只有几米的时候优雅跳跃，最后完美落地。

隐藏的捕食者

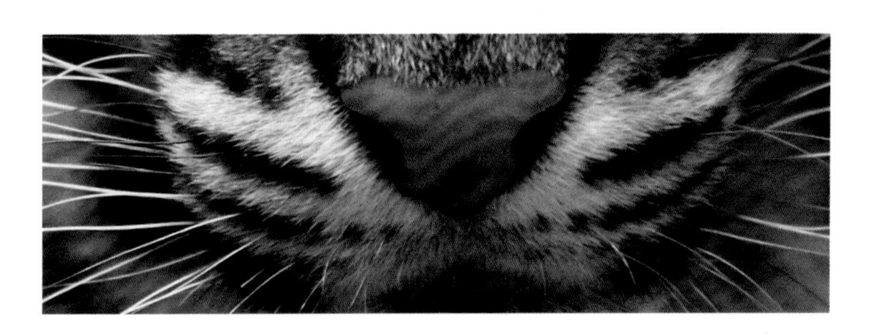

在茂密的森林里，隐藏着无数的动物：许多捕食者或埋伏在枝叶中，或藏身于黑暗里。

云豹

云豹是热带森林中最神秘和最难捕捉其踪迹的原住民之一。它们是完美的树栖“猎人”，非常擅长隐匿自己的踪迹。云豹特殊的生活习性使它们很少为人所知，就连试图研究云豹的动物学家也很难发现它们的踪影。

云豹属于猫科动物，因为其独特的解剖学特征，动物学家专门为它们创立了独立的云豹属，所以云豹不属于豹属。云豹能发出典型的猫科家族的声音，但是其头骨形状与一般的猫科动物不同。它们的颅骨极其狭长，眼眶间距也因此显得非常狭窄。颅骨中央有一个顶峰结

页码24~25，云豹是亚洲丛林中最敏捷的“猎人”之一
上图，一只云豹的特写镜头
右图，云豹是敏捷的攀爬家，非常适合树栖生活

濒危物种红色名录

一直以来，云豹属都是独立的一属，只拥有云豹这一种物种，整个东南亚仅有两三个亚种。直到最近，根据基因研究才发现苏门答腊岛、加里曼丹岛和马来群岛等岛屿的云豹种群与大陆的云豹种群不同，统属于马来云豹。

云豹是森林动物，森林的破坏已直接影响其种群数量，因此它们作为易危物种被列入世界自然保护联盟的濒危物种红色名录。

过去，云豹一直因为其华丽的皮毛遭到猎杀。但目前它们已在几乎所有分布的国家和地区得到保护，并且人们禁止其皮毛的国际贸易。

构，与强大的上颌肌肉相连。它们下颌的犬齿和前臼齿之间的距离，要大于任何一种现存猫科动物，因此其犬齿能做出更大程度的穿刺。

云豹的外表非常有特色：它们的体形细长，体长约1米，尾巴几乎与身体一样长，四肢较粗短，拥有锋利的爪子，非常适合树栖生活。与其他猫科动物相比，它们的体格较小，较大的雄性云豹体重仅20千克左右。它们是世界上最敏捷的猫科动物之一，非常擅长攀爬树木，可以迅速敏捷地在树枝间移动，无论是水平行走还是垂直跳跃都非常轻松。它们能够只使用后脚抓紧枝头，甚至能够在水平的树枝上倒挂行走，如履平地。

云豹最重要的特征就是独特的皮毛花纹：它们的体色呈金黄色，并覆盖有大块的深色云状斑纹；斑纹周缘近黑色，中心呈暗黄色。

正是因为这迷人而独特的花纹，它们才被人们称作“云豹”。深色的云纹和斑点构成了云豹天然的伪装，完美地将其隐藏在雨林穹顶的阴影和光线之间。正如它们的名字一般，云豹的踪迹让人难以捉摸，就像云朵般飘忽不定。

罕见的精灵

事实上，有关云豹的大多数信息都来自人工饲养的观察结果，因此可能与野生物种在其自然栖息地的行为并不完全一致。

雨林茂密的枝叶是云豹天然的隐蔽场所。当它们安静地蜷伏在树

上图，云豹的华丽花纹看上去非常立体

枝上时，即使隐藏在离观察者很近的地方，都很难被发现。所以，云豹是一个很难在野生环境中被观察的物种。

可想而知，对于研究人员来说，在雨林这样连行走都很困难的环境中收集这个神秘物种的可靠信息，是多么艰难的任务。不过这些年来，研究人员也通过无线电项圈进行了许多观测并收集了云豹活动的数据。这些无线电项圈可以追踪每个个体，证实了云豹确实是纯粹的夜行性动物。

还有一项与过去认知不同的观察发现：除了在树上，云豹也经常在地面上移动。无论在树上还是在地面上，它们都会追踪猎物。但事实上，这项观察发现也不是那么可靠。因为比起在树上，云豹在地面活动更容易被人们发现。因此，通过观察计算出来的云豹地面活动时间并不是十分准确。

保育措施

另一个仍有争议的方面就是云豹的社会行为。没有云豹群居或具有社会性的证据。观察结果显示，云豹很可能是一种独居动物，虽然也曾经被发现与配偶一起生活。有当地猎人称，自己在猎杀了一只雌

上图，这只云豹形象生动地展现了一个优秀捕食者的姿态

性云豹后，受到了雄性云豹的袭击。这样的传言似乎证明云豹也有可能会和配偶共同生活。

不过，这种传言尚未得到证实，极有可能发生在两只异性云豹的求偶和交配期。

云豹的人工繁育非常困难：成年云豹生活在一定的封闭空间时，非常容易发生冲突，很难配对成功。不过无论如何，人工繁育也有成功的记录，对于研究云豹的生活习性有一定的参考价值。

雌云豹的妊娠期约为3个月，每胎产崽两三只，最多5只。与许多其他猫科动物一样，幼崽出生时眼睛是闭着的，完全没有保护自己的能力，重约1.2千克。幼崽出生时的色斑完全是深色的，而不像成年云豹一般色斑呈空心状。雌云豹会在陪幼崽玩耍的时候传授它们野外的生存技能，例如雌云豹会背着幼崽从树枝上跳下来，告诉它们如何狩猎。

猎物

云豹捕杀猎物的方法有很多种，无论是伏击还是在林木之间追逐，都十分擅长。它们会捕杀猴子，如叶猴、猕猴。它们常埋伏在高处的树枝上守候猎物，待猎物临近时，

小百科

拥有“现代剑齿虎”犬齿的云豹

云豹特殊的牙齿构造和树栖习性，一直以来都有很多推测和假说。

云豹的犬齿锋利，与前臼齿之间的缝隙较大，犬齿的尺寸（上部犬齿的长度可达5厘米）甚至是普通猫科动物的两倍！与史前已灭绝的剑齿虎非常相似，它们都偏爱大型猎物，例如野猪和鹿。这让人不禁将云豹与“现代剑齿虎”联系起来，当然这种说法目前还没有科学依据。

另一个关于云豹树栖习惯的假说认为，它们是为了捕食鸟类，不过鸟类并不是它们的主要猎物。

就会从树上跃下去捕食。

云豹有时还会狩猎比自己体型更大的动物，包括鹿和小鹿，甚至还会猎杀一些家畜。云豹是一种非常机敏的动物，它们会根据猎物和情况的不同，采用不同的狩猎方式和技巧。

豹猫

豹猫的名字非常形象。当然，这并不代表它们属于猫科动物中的豹属。

豹猫的体形与家猫大致相仿，但更为细长，并且各亚种的差异比较大，体重3.5~7千克不等，体长40~70厘米不等。

它们的分布范围非常广泛，从阿富汗穿过印度一直到喜马拉雅山脉南坡，从中国的大部分地区一直延伸到俄罗斯东部以及整个东南亚南部森林。

因此，无论是热带雨林还是西伯利亚的寒冷地区，都能发现豹猫的踪迹。在如此广阔而多样的地区，豹猫形成了不同的亚种，并且在外观上差异也很大。

例如，豹猫的皮毛、斑点在花型和颜色上有变化。某些亚种的斑点是黑色或其他深色，像沙砾般散布在身体上；而有些亚种，它们的斑点和皮毛比较鲜艳，就像豹子一样。另外，生活在寒冷地区的豹猫一般颜色也较浅，斑点不是很明显。

不同地区的豹猫皮毛也有很大

右图，云豹的牙齿非常惊人，上犬齿的长度可达5厘米

上图，豹猫的体型、大小与家猫相仿，拥有非常鲜明的斑点花纹

不同：热带地区的豹猫皮毛短而有光泽，寒冷地区的豹猫皮毛长而浓密。

豹猫最强大的优势就是拥有对不同环境的巨大适应能力，即便在栖息地被人类改造成农业种植地的情况下，也依然能够生存下去。例如，棕榈和甘蔗的种植地已经完全看不到它们原本作为豹猫栖息地的影子。

娇小的猎食者

豹猫是纯粹的夜行性动物，晨昏活动较多，主要为地栖，但攀爬能力强，在树上活动灵敏自如。它们还是出色的游泳运动员。

豹猫主要在陆地上觅食，以啮齿动物和其他小型哺乳动物为食，也会捕食一些鸟类和小型爬行动物，还会在近水处捕捞鱼类，它们猎物的范围非常广泛。

豹猫是独居动物，只有在繁殖期间才成对活动。生活在热带地区的豹猫，在一年中的任何时候都可以繁育，而生活在寒带地区的豹猫则只在春季繁育。豹猫每胎产崽两三只，重量为80~130克，一般出生数周后就能睁开眼睛，成长迅速，寿命长短与家猫差不多。

稳定的物种

豹猫不属于濒危的物种。虽然更多的亚种还有待人们发现，但整体来说豹猫的生存状况还是非常稳定的。

上图，大灵猫的独特花纹非常具有辨识度

大灵猫

灵猫科家族是亚洲热带森林极具代表性的物种，拥有非常多样化的种类和外形。

大灵猫是灵猫科最具特色的动物之一，外形上与非洲灵猫非常相似，但在环境偏好方面却有所不同：大灵猫主要栖息在森林以及整个东南亚地区的雨林中。

大灵猫的体形比非洲灵猫更为苗条：体长约1米，不包括尾巴，体重最多能达到9千克。皮毛呈银灰色，体斑呈黑褐色，颈侧和喉部有波状黑色条纹，间夹白色宽纹。

和其他种类的灵猫一样，大灵猫这种奇特的生物也是夜行性动物，因此观察起来非常困难。

大灵猫善于攀登树木，但主要在地面上活动和觅食，食性较杂，食物包括小型哺乳动物、鸟类、爬行动物、两栖动物、鱼类、昆虫，也食植物（水果和根茎）。同非洲灵猫一样，大灵猫身上也有芳香腺。

上图，椰子狸是一只害羞的夜间丛林“猎人”

椰子狸

提到椰子狸，人们一般都是直接用亚洲灵猫来指代。实际上，当地居民经常用同一个名称去称呼不同种类的灵猫，尽管他们比起动物学家来说更加熟悉这些动物，但只会凭借传统的常识去称呼灵猫，不会用系统的标准对其进行分类。椰子狸分布范围广泛，遍及印度和东南亚。

本地人有时还会称这种动物或者其他类似的动物为“棕榈猫”，所以这种动物的称呼一直以来令人十分费解。椰子狸体长40~70厘米，尾巴较身体略短。它们是一种树栖捕食者，会强占松鼠的窝为巢，善于攀爬，在树枝间跳跃自如、敏捷如飞，主要在夜间活动，捕食小型哺乳动物、鸟类、蜥蜴、昆虫等，有时也食水果和植物种子。

和大灵猫的陆栖习性类似，椰子狸的外形和色泽深浅随亚种或个体的不同会有一定差异，但基本上各亚种的外形和颜色都是非常相近

上图，一只身形细长的林狸。它们的尾巴就像蛇纹石一样，又粗又长并有规律地呈黑环分布

的。大部分灵猫都具有特殊的腺体，类似于臭鼬，能够产生刺激性或恶臭物质作为防御。

林狸

在亚洲灵猫科中，条纹林狸可能是最适应树栖环境的小型捕食者。它们的体型很小，体长约 0.4 米，尾巴几乎与身体等长；身形非常苗条，四肢较短，爪子锋利；米色的体毛上有黑色的斑纹；眼睛大，适合在夜间活动，听觉也很发达。

林狸拥有非凡的敏捷性，当它们穿行在树枝之间时，就好像蛇一般滑行而过，仿佛不需要接触树枝。它们的移动速度超快，人类甚至很难用肉眼去追随它们的运动轨迹。

除了在树上觅食，林狸也经常会在地面上活动。它们通常会在较高于地面的树根之间或树干的凹陷处建造巢穴。

林狸的食性与其他森林里的灵猫相似，猎物包括小型哺乳动物，例如啮齿动物、鸟类及其卵和昆虫。林狸主要栖息在马来半岛、苏门答腊岛、加里曼丹岛及其附近的岛屿。

熊狸

灵猫科家族还有一个外形独特的成员，那就是熊狸，也被称为熊灵猫。

熊狸体长不到 1 米，尾巴与身体差不多长，体重 10~15 千克。和其他灵猫科家族成员相比，熊狸的外表尤其独特。它们的被毛长而稀疏、粗糙而蓬松，绒毛长并呈波浪状；耳端有明显超过耳尖的长而尖的黑色簇毛，耳缘有较短的白色毛，看起来非常憨厚可爱。

熊狸的头部、眼周、前额及下颌的颜色较浅；小小的眼睛使它们

上图，熊狸的独特外表使其成为森林中最独特的居民之一

看上去总是一副委屈兮兮的表情；鼻子短而凸出，形状如同一个大号松露，唇旁长着白色长须。当一只熊狸蜷缩在树枝上时，就好像一堆没有形状的皮毛，很难区分头和尾部究竟是在哪一边。

除了外表与典型的灵猫科不像是一家人外，熊狸的生活习性也与之截然不同。虽然和大部分灵猫科成员一样，熊狸也是树栖和夜行性动物，但它们拥有能抓、能缠的尾巴，使其能在高大的树上攀爬自如，同时利用尾巴缠绕树枝协助维持平衡。但它们的行动不是很敏捷。熊狸虽然属于食肉目，但是犬齿不发达，切齿也不如其他食肉类动物那么明显。

从这些特征描述中，我们可以猜出熊狸并不是一个优秀的丛林“猎人”。事实也正是如此，它们主要以植物的花果为食，并辅以昆虫或腐肉。

熊狸主要分布在东南亚半岛及其周边岛屿。

受保护的物种

亚洲灵猫科物种的生存现状会根据自身情况而有所不同。其中，熊狸的处境很不乐观。在许多地区，它们被大量猎杀，还被当作宠物饲养。熊狸本身是罕见的物种，尽管受到保护，却依然属于濒危物种。

林狸和椰子狸则不属于易危物种，但栖息地退化对它们的生存环境产生了非常大的负面影响。

雨林里的熊

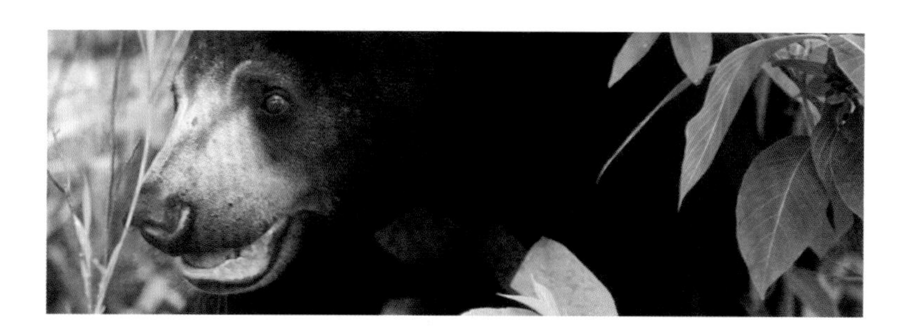

黑熊巴洛（动画人物名）是哪一种熊呢？

首先，棕熊并不生活在丛林里，所以我们可以排除这个选项，答案很可能就是懒熊。因为其他生活在丛林的熊就只有马来熊了，但它们体型很小且不喜欢群居！

懒熊

懒熊属体型中等的熊科动物：体长约 180 厘米，肩高约 90 厘米，拥有超过 8 厘米长的爪子，非常有力。

懒熊的拉丁学名其实和它们非常发达且活动自如的唇部有关。令人感到疑惑的是，在英语中它们被称为树懒熊。它们长长的毛发和爪钩形状使其看起来与树懒类似，因此得名“懒熊”，实际上它们与树懒一点关系都没有。懒熊也经常被称为“杂技熊”。

懒熊的全身覆盖着长长的黑毛，让它们的体型看起来比实际体型要大，前胸点缀着一块白色或淡黄色斑纹。但它们不像一般熊类那样体型庞大，只有脚掌又长又大，体重大约 120 千克。

虽然它们平时走起路来慢慢悠

曾经的马戏团熊

懒熊的分布范围包括斯里兰卡在内的整个印度次大陆的森林。几个世纪以来，这个物种一直被冠以“训练有素的熊”的噱头被人捉去表演马戏。这种行为直到最近才被禁止。懒熊的数量有10000~20000只，虽然其中的大部分生活在保护区内，但在受保护的动物里面，懒熊还是属于非常脆弱的物种。

悠，但也可以用极快的速度进行移动，而且它们长长的爪子战斗力很强，可以保护自己。懒熊平时性情比较温顺，但当地居民还是非常害怕它们。那是因为它们的视力和听力很差，有时人类或其他动物来到近旁之后它们才发现。懒熊本身并不是好斗的动物，不过这种“突如其来”的近距离接触会让它们吓一跳，为了自我保护，懒熊会用武力赶走“入侵者”。

不过懒熊的嗅觉极为发达，所以它们在森林中游荡时，可以凭借嗅觉轻易发现最喜爱的食物，例如白蚁、蜂蜜，以及一些昆虫幼虫。

懒熊很善于攀爬上树，脚掌上粗长的爪钩让它们可以在树上随意移动。所以，你常常可以看到它们在树上做出一些像在表演“杂技”的姿势，一点也不像笨重的熊能做到的。

小百科

动物邻居

下图中的两只小家伙其实都没有试图攻击的意思，但这只幼小的懒熊和野猪之间的偶遇确实十分尴尬。这两种动物都装备精良：懒熊有着长长的爪子，野猪有着锋利的牙齿，这些都是非常完美的防御武器。再加上它们两个都拥有非常强大的力量，就连豹子和老虎也拿它们没办法，所以很难成为别人嘴下的猎物。

从印度到巽他群岛都能发现印度野猪的踪迹。它们属于野猪的一个亚种，个头较小，体形苗条，毛发较短，有一串沿背部延伸的鬃毛。

■ 页码36~37，不是只有动画卡通里的熊才喜欢靠在树上蹭身体，这只懒熊就正在用树干挠痒痒

■ 左图，懒熊的有力爪子可以帮助它们在树干上攀爬

懒熊的特殊食性让它们演变出了特殊的身体结构，例如坚固的指甲让它们可以轻松地挖出白蚁道，以白蚁为食。通常，一旦懒熊发现白蚁的巢穴，它们最擅长使用的技术就是将长长的嘴唇聚拢起来，形成一根天然的“吸管”，先吹走多余的泥土，然后再尽情吸食白蚁。

这种进食方式是通过一个奇特的生理特征完成的。懒熊的上颌比起很多其他种类的动物来说缺少两颗上牙，这样中间形成的空隙就有助于它们吸食白蚁。

蜂蜜也是懒熊的重要食物来源。懒熊经常掠夺蜜蜂和黄蜂的蜂巢，无视蜂类的蜇咬，直接用长舌舔食蜂蜜。

腐烂的树干也是懒熊的食物宝库，里面藏满了多汁的昆虫。它们只需要轻轻向上一跃，就可以摧毁树干。懒熊特别喜爱以木屑为食的木虱昆虫的幼虫和甲虫，也吃水果和植物、卵，甚至是动物尸体。

懒熊其实是一种非常活泼、吵闹的动物，从很远就能听到它们津津有味地吸吮白蚁窝和蜂巢的声音。当父母陪着熊宝宝们玩耍的时候，也会时不时发出开心的叫声。当遇到特殊情况时，懒熊也会用叫声提醒或警告同伴。

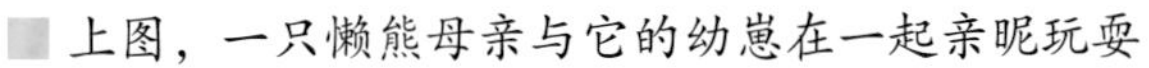

上图，一只懒熊母亲与它的幼崽在一起亲昵玩耍

右图，不能被马来熊娇小的体型蒙骗，它们其实是一种非常具有攻击性的动物，受到惊扰时会发出致命的攻击

懒熊一般独居，但偶尔也能看见成双成对的懒熊以及带着熊宝宝的雌熊。雌熊的孕期约7个月，产下的幼崽通常是独生子或双胞胎，3只或3只以上的情况很少见。雌熊会在地上寻找一个巢穴作为庇护所产下幼崽。孩子刚出生的时候浑身无毛，既听不见也看不见，到了1个月大左右的时候，它们才会睁开眼睛；幼崽大约3个月大的时候，雌熊会把幼崽背在背上离开洞穴，四处活动。

幼崽会和雌熊一起生活3年左右，直到它们完全成年。圈养情况下，懒熊的寿命最高达40年。

马来熊

马来熊是现存体型最小的熊，体长能超过120厘米，高度约70厘米，体重仅为50~60千克。但这并不意味着马来熊是一只乖巧可爱的“泰迪熊”：它们是一种精力充沛的动物，拥有弯曲尖锐呈镰刀形的爪钩、长而结实的犬齿，咬合力惊人，能轻易咬开椰子等坚硬果实。此外，它们的性格好斗，面对威胁时不会轻易逃跑。

与懒熊有着长而蓬松的皮毛不同，马来熊全身毛短绒稀，乌黑光滑。但它们的前胸都有一块显眼的马蹄形斑纹，呈浅棕黄或黄白色。

马来熊的饮食喜好与懒熊非常相似，尤其是对白蚁和蜂蜜的喜爱。

因此，马来熊在英语中也被称为“蜂蜜熊”。

马来熊是杂食性动物，也会捕捉一些小型哺乳动物、鸟类和其他动物。

与懒熊不同，马来熊捕食白蚁的方式不是呲溜呲溜地吸食白蚁，而是在打开巢穴后，直接用长长的舌头卷起白蚁，一口吞食下去。它们的舌头长度可以超过20厘米。

马来熊的某些方面与非洲蜜獾非常相似。除了类似的食性喜好，它们都拥有粗糙短毛的保护，可以免遭蜂蜇。

据报道，马来熊的智力也很发达。据说，曾经有被圈养的马来熊将大米从笼子中撒出来引诱母鸡，将其捕食，还曾经有马来熊在看到主人用钥匙开锁后，模仿主人把自己的指甲插入锁中打开笼锁。虽然这些都是无法核实的轶事，但不论是在野生环境还是人工饲养时，人

猎杀

马来熊主要栖息在东南亚的森林中，种族生存情况堪忧，已经被收录在濒危物种红色名录中。马来熊生存的威胁主要是人类出于商业目的的狩猎，以及森林砍伐造成的栖息地退化或丧失。

上图，你能看到马来熊的特殊体型，毛短而有光泽

右图，马来熊有力的爪子让它们可以轻松地在树上攀爬

惊人的超级舌头

马来熊硕大肥厚的舌头是用爪子打开蚁巢和蜂巢后舔食白蚁和蜂蜜的绝佳工具。偶尔运气不错时，它们还能捕捉到小鹿般大小的哺乳动物。

们都能观察到这种小熊拥有一定的智慧。举个例子，它们会把树枝折断并排列组合起来搭建一张用来休息的床，并且会特意在离地面几米的地方搭建一张舒适的床。马来熊的前肢向内侧弯曲，当它们在地面上行走时，晃来晃去的，步态十分有特点。除此之外，它们还是出色的攀爬者，能够自如地在树枝之间穿行活动。它们特别喜欢在夜间出来活动。生活中，它们有很大一部分时间是在自己做的粗糙的窝中休眠度过的。

人们对马来熊的野生习性知之甚少。它们应该是一雄一雌制，排除雌熊需要抚育熊宝宝的情况，一般都是独居。可悲的是，即使是在今天，依然会有人杀害雌熊，捕捉幼崽作为宠物饲养。尽管他们知道熊宝宝长大以后会是凶猛的动物，并不是一只乖乖的宠物。

雌熊一胎能产下一两只重约300克的幼崽，母乳喂养需要3个多月。但在断奶前，它们也会跟随母亲在巢穴附近寻找食物。

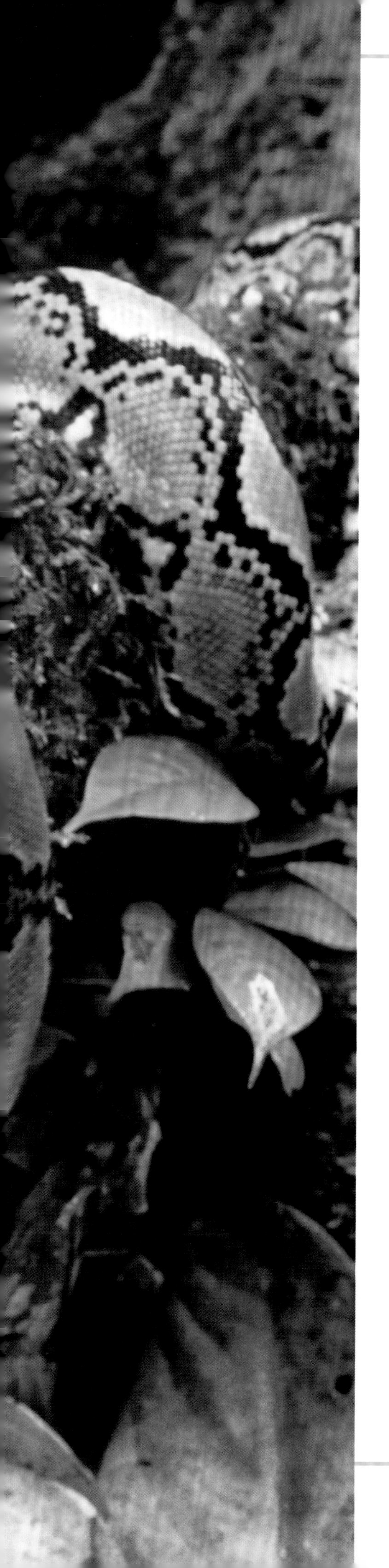

雨林里的蛇

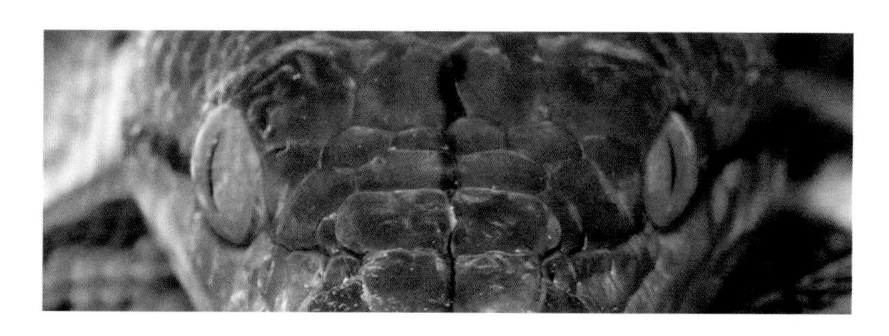

在亚洲的丛林里栖息着一些世界上最大的蛇类，还有目前世界上所发现的最长的蛇类样本。对于蛇类来说，雨林是最佳的栖息环境。

网纹蟒

网纹蟒是世界上最长的蟒蛇，与南美的绿水蟒齐名。虽然一直有争议，但南美绿水蟒仍被普遍认为是世界上最重的蛇。而数量更少的亚洲丛林网纹蟒是世界上最长的蛇。

类似于这样的动物世界纪录的争议和不确定性，其实在研究中常见。因为在大多数情况下，目击者的证词和观察数据很难核实。不过，根据可靠记录，网纹蟒的长度通常会超过7米，甚至会超过12米，但一般9米左右已经是非常长了。网纹蟒重量可达70~80千克，与南美绿水蟒相比体型相对较小。

网纹蟒主要居于热带雨林、林地、草地及泥沼环境中，幼体时期

上图，网纹蟒是世界上最长的蛇类，尽管身形巨大，依然能轻松地攀爬树木
右图，绿树蟒的标准“卧姿”

树栖性更强，但成年蟒攀爬树木的能力依旧很强。

网纹蟒还拥有极佳的水性，喜欢生活在近水或有池塘的区域。网纹蟒喜欢埋伏在一个地方伺机捕食路过的动物，一旦猎物进入其攻击范围，它们会迅速如闪电般立起上半身，用成排的向后弯的尖齿咬住猎物。一旦被咬住，猎物就很难挣脱。这时，网纹蟒会迅速卷起肌肉发达的蛇身缠绕住猎物。通常猎物都是死于窒息，并且骨骼全部被折断，网纹蟒更容易将其囫囵吞下。

网纹蟒是肉食性动物，主要以小动物为食，在野外还能够捕食像马来熊这样的大型猎物。当然，这也取决于捕食者自身的体型大小。

网纹蟒的“用餐”画面绝对令人印象深刻：它们的嘴巴可以一直张到非常夸张的程度，直至能够把它们的猎物全部包裹，然

珍稀的蛇皮

网纹蟒在印度和整个东南亚（包括周边岛屿）都比较常见。它们的蛇皮非常珍贵，所以一直被人类捕杀。但无论如何，国际上一直都在规范蛇皮相关贸易。

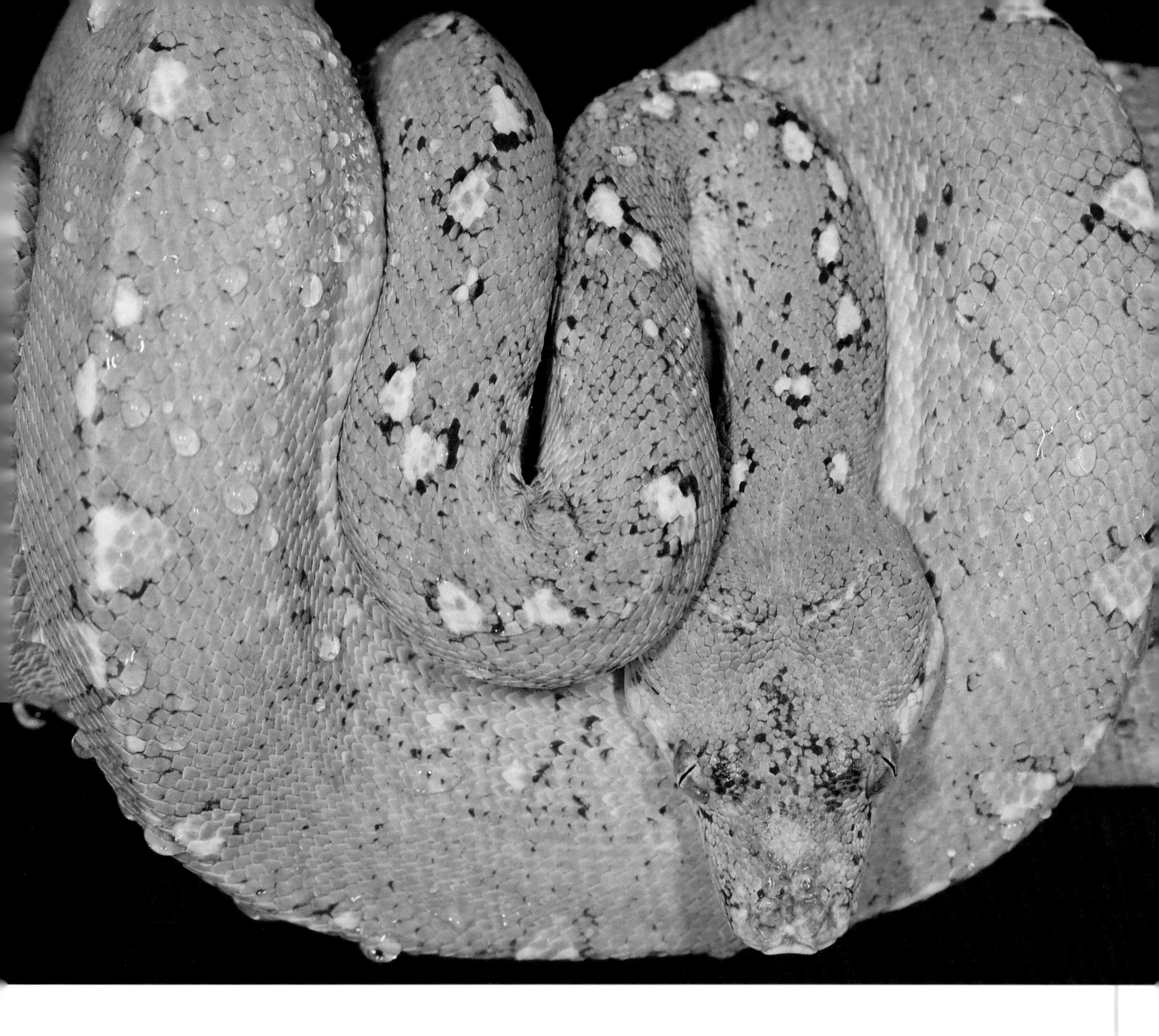

后一点点地将其吞食。

网纹蟒捕食一次后，需要很长时间去消化，甚至可以几个月不再进食。

一只雌性网纹蟒一胎可产下多达 80 个卵，孵化时间大约 3 个月，新生的小蟒蛇长约 0.6 米。

绿树蟒

在亚洲雨林中，栖息着很多种类的蟒蛇，都非常擅长攀爬树木。其中有一种蟒蛇选择将家安在了绿叶树木之上，这就是绿树蟒。从体型上来说，它们肯定不像网纹蟒那样令人震撼，但是这种蟒蛇有非常独特并且值得一提的特点。

绿树蟒属于中型蟒蛇，体长最多 2 米；它们的头大且轮廓清晰，形状类似于三角形。成年的绿树蟒身体颜色是鲜明的绿色，沿着脊柱位置有一条蓝色条纹，周身零星分布白色或黄色的鳞片。幼年绿树蟒主要有淡黄、鲜红和砖红几种颜色。淡黄的个体背部有黑色为主的条纹，夹杂白斑；鲜红和砖红的个体背部条纹以白色为主，夹杂黑斑。与较窄的颈部不同，它们的头部扁平并向后扩大，口吻宽阔，主要的大牙很长，其他牙齿又短又细并向后弯曲。它们的眼睛瞳孔垂直，在光线下非常鲜明。

绿树蟒拥有非常特别的卧姿，还会以身体环绕树枝往来回蜷，最

小百科

多彩的蝰蛇

蝰蛇是非常危险的树栖蛇。从下面这些图片中我们可以看到，它们拥有鲜艳多彩的鳞片。

蝰蛇是蝰蛇科的一种有毒蛇类，和美洲响尾蛇一样，都长有可感知红外线的颊窝器官。实际上，它们通过感知体热来定位猎物。这一对非常敏感的感温器官位于蝰蛇每侧鼻孔与眼之间的位置。

后把头部垂在正中间位置，仿佛把头放在舒适的枕头上，远看形状就像马鞍。神奇的是，它们的卧姿与隶属蚺科并分布于南美洲的翡翠树蚺几乎是一样的。二者不论是外形还是栖息动作都是如此相似，以至于经常令人产生混淆。

绿树蟒很少在地面上活动，主要捕食各种小型的树栖类哺乳动物。它们的捕猎方式是静待于树枝上准备伏击，看准机会后，它们便迅速张开口将猎物咬住，然后整个身体以尾巴倒挂在树枝上为着力点向后拉拽。猎物被倒吊着缠绕几圈后，慢慢窒息死亡。

分布广泛的动物

绿树蟒的分布范围很广泛，从澳大利亚到印度尼西亚都有它们的身影。

竹叶青蛇

在亚洲丛林中，生活着许多种类的蛇。有一种蛇十分美丽，它通身碧绿，长着三角形的头、黄色或红色的眼睛，这就是竹叶青蛇。

竹叶青蛇的体型较小，体重较轻，雄性最长可达0.77米，雌性最长可达0.981米。被绿树蟒咬一口可能没什么大碍，但被竹叶青蛇咬一口可是会中毒的。

竹叶青蛇喜欢吊挂或缠在树枝上，捕捉猎物时采用突袭方式，躯干前部先向后曲，再猛地离地向前冲，咬住猎物不放并注入毒液，直至杀死猎物并将其吞食下去。

竹叶青蛇的典型猎物是蜥蜴、青蛙、鸟类和小型啮齿动物。

和大多数蝰蛇一样，竹叶青蛇是卵胎生的。它们广泛分布在中国、越南、缅甸、印度、泰国等国家。

眼镜蛇

眼镜蛇广泛分布于整个印度次大陆。人们对于眼镜蛇可谓闻之色变，经常会有当地居民被眼镜蛇咬伤。眼镜蛇体长可达1.5米，具有强烈的神经毒素。猎物一旦被其咬伤，会迅速导致呼吸阻塞和心脏骤停。眼镜蛇的攻击性极强，是一种非常危险的毒蛇，当它们遇到敌人

■ 页码 50~51，眼镜王蛇主要以其他蛇类为食
■ 上图，当眼镜蛇觉察到危险时，会抬起头，脖子变粗呈扁平状。这是攻击前的警告，如果恐吓不起作用，它们就会发起攻击

或威胁时也不会轻易退缩。眼镜蛇最明显的特征是其颈部皮褶，该部位可以向外膨胀用以威吓对手。眼镜蛇被激怒时，会将身体前段竖起，颈部皮褶向两侧膨胀。此时，其背部的眼镜圈纹愈加明显，这也是眼镜蛇名字的由来。眼镜蛇分布于各种环境，喜好近水的地方，从茂密的热带森林到开阔的平原，无论是草地还是岩石地区，除了太过于干燥的环境外都能适应。它们也会出没于农作物种植地区以及人口稠密的环境中，例如乡村和城市地区。

眼镜王蛇

眼镜王蛇是世界上最大的毒蛇，长度可超过 4 米。

虽被称为“眼镜王蛇”，但它们并不是眼镜蛇属的一员，而是属于独立的眼镜王蛇属。然而，正如它们的名字“眼镜蛇之王”，眼镜王蛇相比其他眼镜蛇性情更凶猛。它们的主要食物是其他蛇类，无论是无毒还是有毒的蛇。它们甚至还可以吞下比自己大的蟒蛇。有时它们也会捕食老鼠和其他小型哺乳动物。

眼镜王蛇和其他眼镜蛇一样，

单环眼镜蛇

当孟加拉眼镜蛇鼓起颈部威胁敌人时，颈部皮褶向两侧膨胀，背部的眼镜圈纹愈加明显，可以看到两个圆圈合在一起形成一个单环，因此它们又被称为单环眼镜蛇。

上图，一张眼镜蛇的特写镜头图

在受到威胁时会抬起身体的前1/3，然后张开嘴，露出毒牙，一面盯着对手进行恐吓示威，一面留意着四周的环境，就连一向胆子很大的猫鼬也会被它们震慑住。一旦眼镜王蛇认为自己处境危险，就会毫不犹豫地发动攻击。

一直以来都有很多关于眼镜王蛇的神话、传说和夸张的轶事，但实际上眼镜王蛇一般只会攻击自己的同类，对人类的攻击性和危险性远低于眼镜蛇。

生存危机

眼镜王蛇一直以来被人类过度捕杀。另外，它们的主要栖息地东南亚森林的减少，也已经严重影响到它们的生存。

第二章
森林中的“人”

树林是猴子（此处的猴子是指灵长目猴科动物的统称）的天然家园。即使是那些生活在空间更开阔地域的猴子，例如非洲大草原的狒狒，在受到威胁时也要躲回树林间寻求庇护。亚洲的热带森林为猴子提供了一个理想的生活环境，这里拥有充足的食物和安心的庇护所。对于最适合在树林里生活的猿类来说，它们拥有一个非常完美的进化环境。

首批前往亚洲丛林的探险者在与生活在丛林里的土著接触时，就听他们讲述了那些生活在茂密森林的神秘生物的故事。而这其中，最神秘的生物就是“猩猩”，在当地语言中意为“森林中的‘人’”，因为这种生物的部落在森林深处。当西方探险家第一次与这种巨大的猴子对视时，立刻就明白了，它们一定就是传说中的猩猩——世界上最大、最害羞的猴子之一。

左图，一只年长的猩猩坐在森林里的地面上沉思，似乎在担忧森林今后的命运。森林的生态环境在日渐恶化

猩猩

它们是森林中的“人”，是关于神秘丛林的无数传说、奇闻轶事、迷信和文学著作中的主人翁，是温顺孤独的素食主义者。它们曾经平静的生活，如今因为栖息地的逐步减少而受到威胁。

成年的雄性婆罗洲猩猩看起来似乎与人类没有相似之处：一身长长的橙色毛发，凸出的腹部，灰色的皱褶皮肤，细小的眼睛，面颊皮肤由于松弛向两翼扩张而形成的巨大面盘，可下垂到脚踝的双臂和一双短腿。然而，当你注视它们的双眼，就好像照镜子一般在凝望自己。这一点实在让人觉得非常奇怪，明明是如此不同的两种生物，为什么当我们看到它们的时候会立刻联想到人类自己呢？尤其当我们看到母猩猩和它们的宝宝时，这种感受会更加强烈，在它们看似悲伤的双眼下流露出深刻的智慧。

最近的遗传学研究已经确定了亚洲的猩猩属中存在三种不同的物种，即婆罗洲猩猩、苏门答腊猩猩

■ 页码 56~57，一只成年雄性猩猩在森林的一条溪流中洗澡
■ 上图，猩猩拥有丰富的面部表情，大多数时候都让人感到温顺和友好
■ 右图，当猩猩肿胀起面盘并做出威胁性姿势时，就会变得可怕

与达班努里猩猩。但是在本书中，我们只谈论猩猩，因为不同的猩猩之间并没有非常大的差异，所以并不需要明确是哪一个物种。

猩猩有明显的性二型：雄性比雌性体型更大，体重更重；雄性在直立的姿势下，身高大约 1.5 米，重约 90 千克，而雌性则可以达到 1.1 米的身高和 50 千克的体重。雌性和雄性的脸部都没有毛发覆盖，而额头和面部以外部位的胡须和毛发差别非常明显，尤其是老年雄性。而且，随着年龄的增长，雄性脸部的两侧会逐渐肿起，几乎呈盘状，看起来野性十足，与雌性和幼年时期的小猩猩完全不同。

猩猩的身体结构使其非常适应在森林里的生活：腿短但脚掌就像手掌一样灵活，拇指和大脚趾较小；手臂很长，一只成年雄性猩猩的手臂臂展可以超过 2 米。

猩猩的身体肌肉非常强健，与第一眼看上去的温顺憨厚的模样不同。

一位谨慎的杂技演员

猩猩的动作十分迟钝缓慢，不能在树间跳跃，只能手脚并用，慢

慢移动。这是因为它们受限于庞大的体型不便于快速移动，而树枝也无法承受其沉重的身体带来的瞬间冲击力。所以，聪明的猩猩为了保障自己的安全，不得不小心谨慎地移动。但是，这并不能阻止它们躁动的表现欲，有的时候它们会在离地面数十米的地方做出高难度的杂技动作，用一只手或一只脚握紧树干悬挂在空中，就好像体操运动员进行精彩的表演。这种利用四肢的力量在树枝之间移动的运动被称为“四肢动作”。对于猩猩来说，这是主要的移动和活动方式，也只有茂密广阔的森林才能给它们提供足够大的空间和道具进行表演。不过实际上，除了树木的树枝之外，热带雨林还生长着大量攀缘植物。这些从树枝上垂下来的藤本植物非常坚韧：一条几厘米粗的藤蔓完全可以支撑住一只成年雄性猩猩的重量，所以猩猩可以随意从一根藤本植物摆动到另一根藤本植物，完全不用担心坠落下去。

有的时候，攀缘植物不能完全支持猩猩连续的移动，这时候就需要猩猩充分展现其力量了。如果因距离过远而无法触及支撑物时，猩猩会尽可能高地向上攀爬，然后抓住树的顶部拼命摇晃，让树枝晃动

左图，猩猩长长的手臂和有力的脚掌让它们这些庞然大物可以轻松地在树枝间移动，令人称奇

上图，这只孤独而温和的素食主义者正在享用水果大餐

的幅度越来越大。直到可以用一只手抓住另一棵树的树枝时，它们才会松开另外那只手，持续不断移动直到抵达它们想要去的地方。从旁观者的角度来说，就好像在看猩猩玩耍一样。它们像荡秋千一样在空中不断摇摆，知道如何充分利用树枝的弹性帮助自己移动，用自己强大的力量支撑起沉重的身体。猩猩的确是世界上最有智慧和力量的动物之一。

另外，当遇到可以水平移动或者上下距离非常近的情况时，猩猩也习惯使用四肢进行移动，而不是直立行走。

爱好和平的素食主义者

猩猩基本上是素食主义者，其食物包括各种水果、种子、花朵和蜂蜜。它们偶尔也会食用一些昆虫作为零食，例如白蚁或甲虫的幼虫。

在雨林盛产的数百种水果中，猩猩最喜欢吃的是榴梿——一种果实近球形的大型水果，生长在高大的树木上，气味极重。很多亚洲热带的当地居民也非常喜爱榴梿，视其为美味佳肴。

在摘取日常所需的水果时，猩猩也可以不断地锻炼自己的手臂力量。但是人工饲养的猩猩由于食物

充足，因此缺乏日常运动，容易变得懒惰并发胖。所以人工饲养的猩猩体重甚至会达到野生猩猩的两倍。

不爱群居生活的猩猩

与其他习惯群居的猴子不同，猩猩更喜欢单独活动。但是，猩猩不是完全的独居动物，没有很强烈的领地意识，所以同一片森林里可能会生活着好几只猩猩。雄性猩猩的颈部有一气囊，与喉部相连，充气后会膨胀得很大，发声时起共鸣作用。那声音即使在很远的地方也可以听到，尤其当猩猩想向雄性发出警告或向雌性发出信号时。

当独自游荡在森林里的猩猩与同类碰面时，会因性别不同出现不同情况。如果是两只雌性相遇，它们可能只会表达对彼此的好奇和试探，并相安无事地离开。雄性之间的会面则会有些许火药味，甚至会起冲突，但很少演变成肢体冲突。因为更占优势的雄性会炫耀自己的力量让对方知难而退，尽量避免肢体上的接触。

不过大多数情况下，森林里面的食物资源非常丰富，很多树木上

非法狩猎

尽管政府已经建立了自然保护区，并且颁布了相关法律保护猩猩，但依然存在着非法捕猎猩猩的情况，其中宠物贸易和医药贸易是最大的诱因。每年都会有许多被非法捕获的猩猩受到救治，被送往收容中心和康复中心。当这些猩猩已经习惯与人类一起生活时，就很难重新回归自然环境，强行将其送回可能会对它们造成更大的伤害。

不过对猩猩而言，最大的威胁还是原始森林栖息地的破坏和减少。事实上，所有的猩猩物种的生存都面临严重威胁。对于这些我们人类的近亲动物而言，唯一能够做的就是建立更多自然保护区。目前，一些动物保护机构已经针对猩猩在苏门答腊岛和加里曼丹岛采取了一系列措施。

左图，猩猩喜欢探索森林的每一个角落，这只猩猩正在观察水面
上图，一只幼年猩猩露出好奇的表情

都有大量的水果，因此很少会出现两只猩猩争夺食物的场面。同类之间没有竞争关系，因此猩猩对于同类的存在也不会过分在意。

智力测验

即使到了成年期，猩猩依旧会像幼年时期一样对外界充满好奇心，愿意不断尝试新事物。有一些猩猩已经学会了使用工具，并且通过几代猩猩传授这方面的知识，它们还会挑选合适的树枝插进白蚁丘以获取白蚁食用，也会借助工具采摘巨型水果。

事实上，为了证明猩猩的聪明才智，研究人员进行了很多实验，结果令人惊讶：在所有动物中，猩猩的学习能力仅次于人类。猩猩拥有众多技能，其中之一便是猩猩能够记住数十种符号，还能通过基本语言与它们的老师进行交流。

这些数据都是来自对人工饲养的猩猩的观察。对于研究人员来说，这些观察数据也有助于人类更好地了解野生猩猩的情况，从而更好地改善野生猩猩的生存境况。

聚 焦

家庭观念

猩猩会为了繁殖与异性暂时结合在一起。一般而言，雌性会选择当地处于统治地位的成年雄性。当选好了伴侣之后，雌性就会拒绝其他的雄性。雌性通常在 15 岁左右产下幼崽：妊娠期为 9 个月，通常一胎只有一子，很少会出现双胞胎的情况。

雌性承担照料幼崽的任务。雌性会精心照顾幼崽，并且会非常耐心地与幼崽进行交流。在幼崽诞生的第一年，小猩猩会一直紧紧抱着母亲的肚子，稍微大点之后会爬到母亲的背上，母亲会带着它一起活动。小猩猩与母亲的关系非常亲密，即使之后母亲生了第二个孩子，它也会和母亲继续亲近地待几年的时间。雌性的产崽间隔可达 8 年。即使在独立之后，小猩猩还经常与母亲来往，相比起来，雌性小猩猩会比雄性小猩猩先离开母亲。

一对雌雄猩猩在一起生活的状态就和人类夫妻一样。如果我们观察小猩猩，会觉得它们玩耍或调皮捣蛋的时候非常像我们人类的小孩子。这种感觉就好像是我们在看自己的小孩一样。孩子们总是充满精力和好奇心，会观察母亲平时的一举一动，经常模仿母亲。

在两三岁的时候，小猩猩就能够自己爬树和四处活动了，但会一直跟随自己的母亲。五六岁时，小猩猩会与其他猩猩见面，一起玩耍，认识新朋友。

每晚休息的时候，猩猩会在树枝之间搭建睡觉的巢穴。这是所有成年猩猩都会熟练掌握的一项操作，一般只要几分钟的时间就能搭建好。小猩猩们会通过观察母亲的动作来学习。这样当它们能够独自生活时，它们自然而然就能熟练搭建自己的巢穴。

自然界中的野生猩猩平均寿命为 40 年。

长臂猿

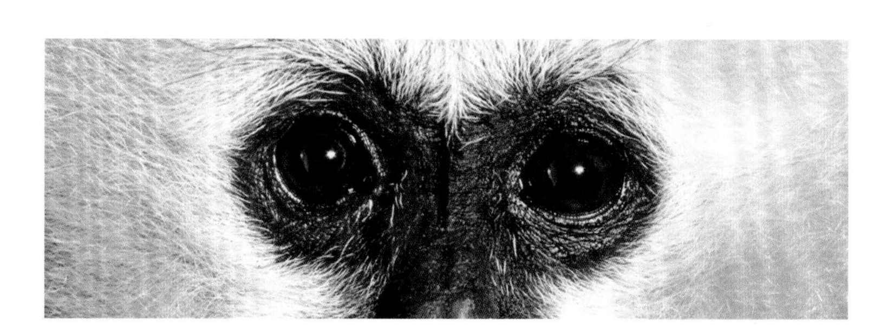

长臂猿栖息在森林里高耸的树木上。它们吵闹、胆大，每天如表演杂技一般穿梭在树木之间，俯视着那些居住在森林“低层”的“居民”。底下的“观众们”只能听到它们经过时发出的响亮的嚎叫声，而不见其踪影。

长臂猿是类人猿的一种，是猩猩、黑猩猩、大猩猩以及人类的近亲，体型最小，是灵长目中一科动物的通称。目前它们已被发现的有18个物种，分为4个属。

尽管长臂猿科下有不同的物种，但它们的外观都非常相似。长臂猿的整个上半身都很健壮，手臂非常长，身体纤细，肩宽而臀部窄，但是腿很短，头部相对较小，颈部短。因此，远看上去它们好像没有脖子一样。

长臂猿的毛发长而蓬松，较为柔顺，颜色可为黑色、金色或米色。在某些情况下，同一种类的雄性和雌性的颜色可能相同。而在另一些情况下，它们则表现为性二型，雄性毛色较深，雌性毛色则较浅。长

小百科

自信的杂技表演者

长臂猿拥有极其高超的树间移动能力，它们在森林的树枝间穿行的方式看起来十分优雅和轻巧。

当长臂猿以极快的速度从一棵树移动到另一棵树时，如同在飞翔一般。与猩猩不同，它们善于利用双臂交替摆动，手指弯曲呈钩，轻握树枝将身体抛出，腾空悠荡前进。它们一跃可达数米，速度极快，如同弹簧一般轻巧快速。

长臂猿所有的动作如同行云流水，让人不禁感到赞叹和钦佩。长臂猿还经常在离地面数十米的地方跳跃活动，不得不让人惊叹其胆量。

除了出色的移动能力，长臂猿还拥有迅速的反应能力，它们能够在不到1秒钟的时间内预估最佳“飞行”路线。不过，长臂猿偶尔还是有失手坠落的时候。但发生坠落的原因往往是热带森林中有很多昆虫，尤其是鞘翅目昆虫和白蚁的幼虫，它们会侵蚀木头内部。所以这些被昆虫破坏的树枝会变得非常易断。如果遇到这样的树枝，长臂猿就可能从树上坠落。

虽然长臂猿快速的反应让它们在坠落的时候，尽量靠近身边的树枝，避免直接坠落到森林的地面上。但不幸的是，研究人员对长臂猿的骨骼进行检查时，经常能发现严重骨折的痕迹。情况严重的话，长臂猿从高空坠落甚至是致命的。

臂猿的面部一般毛发较少。

长臂猿科中体型较小的物种属于长臂猿属，体长超过0.5米，重4~5千克。而体型较大的物种则属于合趾猿属，高约0.9米，重约13千克，双臂展开的长度可达1.8米。

典型的树栖动物

长臂猿的手臂细长，但是非常结实。此外，它们的腕关节就像球形关节一样可以朝各个方向活动，所以它们移动时没有方向上的限制。与猩猩相比，它们的拇指更为发达，并且每根手指都很长。当长臂猿的手掌紧握在树枝上时，拇指会加大手掌的握力。

长臂猿的脚趾也非常长而结实，就像钳子一般可以牢固地抓住树枝。另外，它们的第二、第三趾之间呈蹼状，使这两个足趾永久性地连接在一起，甚至连至末端的关节。

长臂猿拥有长至脚踝的手臂。当它们直立时手臂会接触地面。也正是这个原因，长臂猿走路的姿态非常特别。在行走时，它们会将长臂举至头顶位置，做出类似于举杠铃的姿势，以更好地保持身体平衡。这种姿势也会出现在它们需要在树枝间悠荡的时候。

长臂猿能够发出非常响亮、具有穿透力的鸣叫声。许多长臂猿科物种的喉部都拥有一个可以放大声音的音囊，不同种类的长臂猿叫声差别很大。例如，合趾猿拥有一个非常发达的音囊，当发出叫声时，肿大的音囊甚至和头部一样大。

长臂猿的饮食习惯与猩猩类似，主要以水果为食，亦食少量根茎、树叶、花和昆虫，偶尔还会捕食一些蜥蜴和小型脊椎动物。

一般如果没有必要的话，长臂猿不会特地到地面去寻觅水源。它们会饮用树叶上的露水解渴。不过有些时候，它们也会将身体的一侧悬挂在溪流或池塘边的树枝上，腾出一只手来将水舀入嘴中。

家族式小群体

长臂猿属于一雄一雌配偶系，一起生活的异性会成为自己的终身伴侣。它们通常为家族式小群体生

页码 66~67，仿佛在空中走钢丝的人一般，即使在高处，长臂猿也能够平稳地行走于树枝上
页码 68，长臂猿能够做出许多对人类而言具有高难度的动作
上图，合趾猿通过音囊扩大自己的声音，即使距离很远都能听见
右图，又是一只“杂技演员”长臂猿

濒危的生存境况

长臂猿栖息在东南亚的雨林中，是典型的树栖群体动物。因此，森林砍伐和环境变化让它们的生存境况不容乐观。其中大部分的长臂猿科的种类已经被列为濒危物种，有些甚至被列为极度濒危物种。

和对猩猩一样，政府为长臂猿也设立了相关的自然保护区和保护机构。

活，家庭是由父母及一个或多个不同年龄的幼崽组成。

每个小家庭都有固定的领域范围，它们会选择一片合适的森林作为自己的固定领域。通常领土面积不超过 1 平方千米，甚至更小。

长臂猿是非常吵闹的动物，家族里的所有成员会一起鸣叫，尤其是在白天开始活动时和晚上休息之前，即使距离很远都能听到它们的叫声。雄性长臂猿的叫声尤其具有穿透力，甚至在 3 千米以外都可以听到。这些早晚举办的“音乐会”主要是向附近的其他家庭发出信号，宣示自己的领土范围。而附近的家族听到后也会发出叫声作为回应，就这样此起彼伏的“回声”响彻森林。

对于居住在森林的动物来说，响亮的叫声是最佳的沟通方式。因为视线会被植物阻碍，但是声音却能传播到很远的地方。在这方面，长臂猿爱鸣叫的生活习性与南美雨林的吼猴类似。也许正是因为类似的森林环境，两个物种有着相似的习性。

通常，长臂猿们在领土内发出叫声就是为了避免冲突，但是依然

会存在入侵者入侵其领地并与其发生冲突的情况。这时家族里的成年长臂猿会负责领地的争夺，但是一般在这种冲突中很少会发生正面的身体对抗。长臂猿会互相追赶和驱逐，直到彼此的领地范围重新得到确认。另外，长臂猿不像其他猿类那样具有非常明显的性别二态性，雄性与雌性之间的体型和力量差距较小。

长臂猿的不同种类之间叫声差别很大。事实上不需要看外表，仅凭声音我们就能区分不同的物种。例如，白眉长臂猿属会发出由两个音调组成的吼叫声，而白掌长臂猿会发出一串上下起伏的尖叫声。

左图，一只坐在草丛中的雌性长臂猿和它的幼崽。长臂猿对它的幼崽极其温柔，从这只雌性长臂猿的神态就可以看出。即使在成年以后，这种亲情的纽带也非常牢固且持久

上图，一只带着幼崽的长着白色爪子的雌性长臂猿

幼崽的繁殖与照料

来自不同家族的6~8岁的长臂猿会在各自领地的边界相遇，然后选择合适的异性作为自己的伴侣。当双方结合在一起后，便会离开各自的家族和领地，然后在一个新的自由领地上组建自己的家庭，并且成为终身伴侣。在长臂猿的家庭中，一般不会有一方占有非常强的领导地位，雄性与雌性之间更多是互相协作的关系。交配可以在一年中的任何时候进行，不过在季风影响的地区，旱季时交配更为频繁，因此分娩多处于雨季。不同种类的长臂猿妊娠时间也会有所不同，6~8个月不等。小长臂猿在出生时完全无行动能力，只能依靠母亲的精心抚育。雌性会一直负责照料宝宝，而雄性则会在宝宝1岁左右时开始承担日常照顾义务。

在幼年时期，孩子会紧抓母亲腹部的皮毛，紧紧跟随母亲一起活动。每隔两三年长臂猿的发情期就会来临，长臂猿的小家庭中就会迎来新的家庭成员，而所有的兄弟姐妹都会一视同仁地受到父母的精心养育。长臂猿家族中的成员之间一般都很和睦，互相爱护。有相关的观察案例显示，年老的长臂猿家族成员依旧会和大家生活在一起，不会与其余成员发生冲突，很少能看到独居生活的长臂猿。

长臂猿不会特意搭建休息的巢穴。通常它们会在树木间寻找一个舒适的角落作为固定的休息场所。

由于动作敏捷，白天的时候长臂猿很少会被掠食者捕食。但到了晚上，它们可能会被一些特别敏捷的树栖食肉动物攻击，例如黑豹或云豹。

其他树栖者

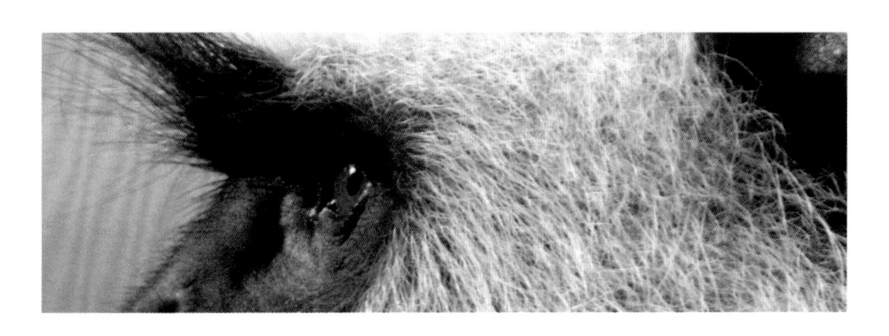

雨林中的居住者可不仅仅只有猴子和类人猿，这里是生物多样性最高的栖息地。还有许多独特的物种栖息在雨林中，其中甚至有一些非常古老的物种。

叶猴

亚洲的叶猴中最有名的就是印度寺庙里随处可见的长尾叶猴。

叶猴是典型的树栖动物，喜欢在高大的树上活动，有时也到地面饮水或寻找食物。

某些种类，例如最常见的长尾叶猴，高度适应各种各样的栖息地，还会经常出没于人类居住活动的区域。出于宗教原因，印度灰叶猴享有特殊的待遇，因此人类不能随意伤害它们。但是，它们会经常骚扰或攻击人类。

黑足灰叶猴是热带雨林中最典型的叶猴，能够很好地适应不同的环境，可以与人类近距离地生活在一起。

叶猴的身高为 40~80 厘米，取

上图，叶猴是印度寺庙的代表动物。它们能够适应森林、干旱地区以及人类城市等许多不同的环境

右图，一脸茫然地立在森林中的懒猴

决于物种及其性别。通常雄性的体型比雌性更大。

除了体型不同，各种叶猴的外观都很相似，并且都是以树叶为食。但是当与人类生活在一起时，它们也能根据食物的可选择性来调整自己的饮食。

叶猴无论在树上还是在地面上，行动都非常敏捷，能够用四肢快速地奔跑跳跃。它们经常直立，可以用双脚进行短距离行走。

懒猴

热带雨林还栖息着一种世界上最奇怪的灵长类动物——蜂猴。与长臂猿的生活习性完全相反，它们在树上的行动非常缓慢，因此也被称为“懒猴”。

懒猴分为两个属，包括7个物种，每个种类都非常相似。其中，瘠懒猴属有2个物种，懒猴属有5个物种。

这种奇妙的灵长类动物拥有非常怪异的外观，让人联想到泰迪熊玩偶：身型矮胖，没有尾巴，腿很长。它们鼻子上有两个大黑环环绕在眼睛周围，眼眶间至前额有逐渐加宽的亮白色线纹，眼间距很窄，看上去总是带着一副极度忧伤的表情。

小懒猴，也称为倭蜂猴，体型非常小，体长只有17~26厘米，体重不超过350克。而懒猴中体型最大的间蜂猴体长可达到40厘米，体重超过1000克。

不同的生存情况

懒猴生活在印度和东南亚的森林中，并且像许多生活在森林里的动物一样，遭受自然栖息地的退化带来的影响。不过不同种类的懒猴生存情况也有区别：有些物种，例如印度大陆的灰瘠懒猴被定为无危；而在其他国家，如斯里兰卡的瘠懒猴或爪哇懒猴则被认为是濒危。

除了体型上的差异，不同种类的懒猴在外观和行为上都是非常相似的：它们作为夜行性动物，昼伏夜出，白天蜷缩成球状在树上休息；它们移动非常缓慢，会用手指和脚趾牢牢地抓握树枝穿行往来。尽管它们平时看起来非常慵懒，行动也很迟缓，但是在捕食猎物时，却能够快速地出击抓住猎物。懒猴的食物主要是昆虫，但也有一些小的脊椎动物，例如蜥蜴或雏鸟。它们捕食通常用前肢出击，两条后肢则紧紧攀在树枝上。

最近的观察研究发现，懒猴是一种有毒的灵长类动物，毒腺位于手肘部。当遇到危险时，它们会把毒液投射出去。懒猴还会把毒液抹在幼崽周围，避免幼崽被掠食者捕食。这种毒液还能防止懒猴身上长寄生虫。不过，还不能确认是不是较为弱小的懒猴也具有这样的能力。

眼镜猴

眼镜猴属有 8 种，通常统称为眼镜猴，因为它们的外观和生活方式都非常相似。

当你看到这种小动物的时候，第一印象会非常深刻。它们看上去就像一只只小幽灵，所以也俗称“幽灵猴”。眼镜猴喜欢在夜间活动，行进时像青蛙般在树木间穿梭跳跃。

眼镜猴的身长不超过 15 厘米，拥有一条几乎无毛的长尾巴，四肢有少量短毛。它们头部占全身比例较大，其中面部几乎被一双巨大的圆形眼睛占据；前臂和后肢很长，指骨亦长，在指、趾端有像树蛙一样的圆球形的软垫。

当它们立在树枝上时，最喜欢的姿势就是把四肢聚拢在一起，就像树蛙一样蹲立在树枝上。

眼镜猴满月般的大眼睛使其即使在森林昏暗的夜光下，也拥有极佳的视力和优秀的预判能力。在树枝间跳跃移动时，它们可以精准评估到达点的位置及与其的距离。

眼镜猴很少从树上爬下来到地面上，但即使在地面上，它们也会跳跃移动。如果我们忽略眼镜猴那长长的尾巴，它们简直就是一只毛茸茸的青蛙！眼镜猴的食物主要是昆虫，有需要时它们还会捕食一些小型爬行动物。眼镜猴头部能够向后旋转，身体不动就能看到背后。这与猫头鹰类似，这样它们无须移动就可以观察周围的所有环境。

白天，它们会隐藏在茂密的植被中休息。如果在休息时间被打扰，它们会上下摆动牙齿表示受到威胁后不满的态度。

左图，一只眼镜猴在白天被摄影师的镜头“捕获”。它正用那双巨大的眼睛观察四周的情况，瞳孔因光照而收缩
上图，树鼩正在食肉植物猪笼草里寻找昆虫
页码 80~81，一群叶猴带着不同年龄的猴崽挤在一起，立在森林边缘的岩石上

不同种类的眼镜猴的生活习性也有所不同。一些种类习惯小群体生活，也有一些种类喜欢独居生活。眼镜猴之间可以通过超声波交流。

树鼩

树鼩是树鼩科树鼩属的动物，也是典型的东南亚热带森林动物。它们不属于灵长类，而是独立的树鼩目动物。它们体形细长，体长约20厘米，拥有一条长长的尾巴，外形似松鼠，吻部尖长。

树鼩在黎明和黄昏时最为活跃，为树栖类动物。尽管它们能够在树枝间轻松移动，却不像其他森林动物那样敏捷，还有一些树鼩种类更喜欢在森林的地面上活动。它们在外观上没有任何特别之处，也没有特殊的技能，但有一个身体部位让进化动物学家产生了巨大的兴趣，那就是它们的牙齿。

事实上，树鼩的牙齿与7000万年前的一块化石完全吻合。它是迄今发现的最早的灵长类化石，可以追溯到恐龙灭绝之前的时期。这块化石属于普尔加托里猴，该猴被认为是所有灵长类动物的祖先。

这种古老的灵长类动物的祖先很可能拥有与现在仍然生活在亚洲森林中的树鼩相似的外观。

眼镜猴

眼镜猴主要分布在东南亚的岛屿上。动物学家平时很难进入森林深处观察这些“幽灵猴”，所以缺乏足够的数据来判断该猴类的状况。由于眼镜猴适应性很差，很难离开栖息地生活。所以栖息地的不断减少对它们来说是非常严重的威胁。

第三章
胆小的“巨人”

亚洲热带丛林是世界上最珍贵的哺乳动物的最后庇护所，例如世界上最大的奇蹄目动物爪哇犀和苏门答腊犀。它们是生活在东南亚潮湿的森林中的种群数量很少的动物。

在这里还栖息着世界上最大的牛科动物。它们一般生活在林间空地、森林深处或森林的边缘，几乎能适应森林里的任何环境。它们还经常在茂密的植被间活动，即使体型庞大也会被遮挡住，距离很近你也很难发现它们的踪迹。

除了老虎以外，这些“巨人”几乎没有天敌。老虎是唯一能够与它们对抗并偶尔能在战斗中取得胜利的食肉动物。

左图，一只生活在亚洲雨林中的苏门答腊犀

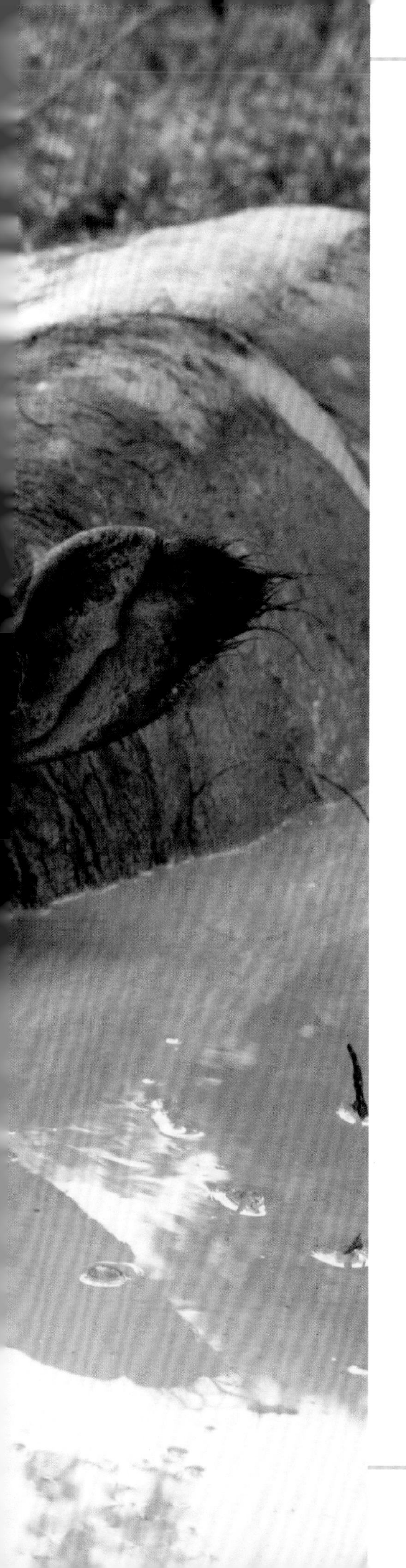

犀牛

亚洲的犀牛与非洲的犀牛有很大的区别，不论从外表还是从生活的环境来说都是如此。亚洲犀牛拥有三大类犀牛中唯一生活在丛林中的种类，这种犀牛喜欢将自己隐藏在茂密的植被中。

爪哇犀

爪哇犀是在亚洲发现的三种犀牛之一，与在非洲生活的两种犀牛有非常显著的差异。它们看上去就像披了一层铠甲，不过从某种意义上说它们的皮肤的确非常坚实。

爪哇犀的皮肤非常厚，在脖子、背部和腿部有非常奇特的褶皱，结构和形状非常像中世纪的盔甲。

实际上，这些褶皱在爪哇犀的皮肤上构成了一种柔性关节。如果没有这些褶皱，如此厚的皮肤会阻碍它们的行动能力。另外，在爪哇犀的肩膀和背部，分布有大而扁平的结节，进一步增加了其皮肤的强度。这些皮肤褶皱特征在印度犀牛和爪哇犀中尤为明显，而在苏门答腊犀身上则不那么明显。非洲犀牛

页码84~85，为了去除皮肤上的寄生虫，一只苏门答腊犀正在泥浆池中洗泥水浴
上图，印度犀牛是亚洲犀牛中分布最广的犀牛，比其他犀牛更喜欢生活在开阔的环境中，尤其是在潮湿地区

几乎没有这个特征，它们只在腿关节处有褶皱关节。

爪哇犀的体长约3.2米，高度约1.7米，体重可达2吨。与其他物种相比，它们头部占身体的比例很小，在鼻子的顶端长有一只角，角的长度最长不超过0.25米。雌性通常无角，仅表现出少许明显的突起。它们上唇的形状较尖，可以灵活地活动，适合从树枝上撕下叶子和枝条。

这种大型哺乳动物只有在繁殖期间会临时结合在一起，其余大部分时间独来独往。一般它们的移动范围不会很大，大约是在几平方千米内的区域。它们会通过排泄物、尿液及发出吼声来标记领地。

爪哇犀需要充足的水源，喜欢栖息在非常茂密的热带雨林地区，尤其是泥浆池附近。爪哇犀喜欢洗泥浴，它们会在泥浆池里滚来滚去，以此去除皮肤上的昆虫和其他寄生虫。

如果爪哇犀发现了一个非常心仪的地点，即使这个地点离它们的

世界最珍稀的动物之一

爪哇犀是世界上最珍惜的大型哺乳动物。

全世界的爪哇犀仅有50只左右，分布在爪哇岛西端著名的乌戎库隆国家公园保护区。爪哇犀从未人工繁殖成功过，因此，尽管保护区为它们提供了安全生活的保障，但在自然生长的情况下，该物种仍被认为有灭绝的危险。

上图，一头苏门答腊犀正抬着头，发出吼叫声

主要领地往返要花费数天时间，它们也非常乐意经常前往这个地点休息玩耍。

爪哇犀是一种非常害羞、胆小的动物，如果感知到人类的存在或威胁，就会立刻躲进茂密的森林深处。这也是因为爪哇犀拥有非常发达的嗅觉、听觉，而其他犀牛的嗅觉和听觉没有那么发达。

雌性的生育间隔时间为4~5年，母亲需要照顾幼崽2年左右。母子之间会保持很长时间的亲密关系。

该物种很少被人工饲养，而且寿命仅能达到20年左右。但是，研究人员认为野生环境中的爪哇犀至少可以拥有40年的寿命。

苏门答腊犀

苏门答腊犀是现存最小的犀牛，体长约为2.5米，高度约为1.45米，重量一般不到1吨。

苏门答腊犀是唯一一种浑身长有明显毛发的犀牛。根据年龄的不同，它们的毛发密度和长度也会有很大不同。年轻犀牛的毛色更加偏向榛子色，整体形象看上去非常特别。年龄较长的成年犀牛的毛色会逐渐变深，体毛也会变得稀疏。

苏门答腊犀另一个与其他亚洲犀牛不同的重要特征就是长有两只角：前角较大，不到0.4米长，而后角较小。

苏门答腊犀的分布范围比爪哇犀更为广泛。它们在低地与高原都有出现，生活在雨林和沼泽中，栖息于接近水源的丘陵地带，尤其是

■ 上图，另一只苏门答腊犀正在泥坑里翻滚
■ 右图，我们可以清楚地看到苏门答腊犀皮肤上覆盖的毛发

灌木较密的山坡地带。

苏门答腊犀会随雨季的变换而迁徙，在雨季时会向更高海拔地区迁移，在雨季结束后返回平原。它们拥有出色的攀爬能力，即使在陡峭的山坡上也能敏捷地移动。它们还拥有出色的记忆力，能够记住每次迁徙的路线，能够从不同的地形和环境中识别出固定的路径。

苏门答腊犀非常喜欢水。它们还有优秀的游泳能力，喜欢自己挖水坑在里面翻滚，把自己弄湿。

苏门答腊犀的食物包括树叶、嫩芽和各种各样的水果。它们经常会前往森林边缘找寻食物。其中最重要的一个需求就是盐，因此苏门答腊犀会舔食盐矿石来补充盐分及所需的矿物质。拥有盐矿石的地方会非常受苏门答腊犀欢迎，能够吸引很多苏门答腊犀前往，尤其是年轻的雌性。

雄性的领地面积约为30平方千米，除了自己专属的领地范围会用排泄物标记外，其余领地也可能与其他雄性的领地有一定的重叠。苏门答腊犀总是独来独往，它们非常喜欢发声，通过使用独有的发声系统向同类发出信号或者警告，即使距离很远也可以听到。这些信号或警告包含了截然不同的声音，有一些声音与座头鲸的信号频率非常相似。

雌性一般在雨季进行分娩。幼崽的毛发浓密，乌黑弯曲，之后随着年龄的增长，其毛发的颜色也会逐渐变成棕红色。小犀牛大约在2岁时与母亲分开。■

保护措施

苏门答腊犀在整个东南亚都有分布，但种群分布零散，据估计现存总共1000多只。其中大部分生活在拥有良好生存环境的公园和自然保护区中。虽然它们有部分群体生活在未受保护的野生地区，但也面临着数量不断减少的情况。

特别是婆罗洲亚种，仅剩不到50只，而北方亚种则几乎仅剩几只生活在缅甸。因此，苏门答腊犀被认为是处于严重危险之中的物种，一直以来都受到人们的观察和保护。另外，一些人将濒危种群从高危地区撤出，引入保护区圈养繁殖的干预措施引起了很大争议。人们认为这改变了野生种群的生存情况，也会让野生种群面临适应陌生环境的困难和风险。

丛林野牛

在亚洲的热带，你看不到非洲野牛的存在。但没关系，你可以在这里找到世界上最大的公牛，它们是生活在森林或其边缘的真正“巨人”。

印度野牛

印度野牛是世界上现存的体型最大的牛，实际肩高可达2.2米，体重超过1000千克。

雄性印度野牛身上有隆起，从颈部一直延伸到背脊中部，再从背部逐渐下降；头部位置较低，整个身体轮廓非常特别；毛色深，接近黑色，四肢的下半截则是白色的。雌性体型较小，体重可达600~700千克；毛色呈棕色，四肢下部呈白色，与雄性相同；双角朝内弯曲，雄性的角最长可超过1米，雌性的角则小很多。

印度野牛主要生活在森林环境中，因此环境的变化与它们息息相关。它们经常出没在热带雨林和落叶林中，甚至是海拔1500多米的地方，

■ 页码 90~91，一只喜鹊立在一头巨大的野牛的鼻子上，帮它们清理寄生虫
■ 左图，一只公牛的特写镜头
■ 上图，你可以清楚地看到印度野牛强大的肌肉组织和背部中央隆起的驼峰形成的“台阶”

而且会随着雨季进行迁徙。如果发现异常情况，它们会受惊逃跑，并且非常迅速地躲进森林里面。它们喜欢群居，但群体不大，最多有 40 头成员。印度野牛群由雌性、幼崽和亚成体组成，由一只体型较大、地位最高的老年雌性作为首领。成年的雄性野牛会在不同族群中移动寻找雌性野牛。

印度野牛的叫声非常响亮，在很远的距离都能听到。它们还会发出类似于野兽般的吼叫声和隆隆声。

它们的交配可以在一年中任何时间进行，妊娠期大约 9 个月。雌性诞下幼崽后会用母乳喂养 1 年左右。幼年的印度野牛毛发是浅红棕色的，人工繁殖饲养的寿命约为 26 年。

数量不断减少的种群

印度野牛种群从印度到整个东南亚大陆都有零散分布，部分地区的印度野牛种群的现状非常严峻。从整体看来，印度野牛被认为是易危物种。近几十年的研究数据显示，印度野牛的种群数量正在不断减少。

分散的族群

爪哇野牛与印度野牛共同生活在东南亚，在加里曼丹岛和爪哇岛都有分布。但是它们种群分布极为分散，因此在各自的领地上都被视为濒危物种。

上图和右图，爪哇野牛出没于森林边缘

爪哇野牛

爪哇野牛也是一个经常出没于森林之中的野牛种类，不过它们的适应能力比印度野牛的强。事实上，无论在较为贫瘠的地区还是在开阔的草地上，甚至在林区附近都能发现它们的踪迹。与印度野牛相比，它们的体型较小，但整体外形非常相似，有许多共同的行为特征。

雄性爪哇野牛的角比雌性的大，雌性的角呈棕色，较短并向内弯曲。在一个群体里可能会有2~40头爪哇野牛生活在一起，但通常只有一头成年雄性。它们会经常高抬起头，以警惕的姿态观察四周的动静，领导并保护整个群体，并选择与更年长的雌性在一起。

小百科

中南大羚

虽然中南大羚属于“巨人”，但提起“害羞”，应该没有动物能够打败它们。因此，很少有人能发现它们的踪迹。直到1992年，中南大羚才首次被发现。当时这个发现被认为是20世纪最惊人的动物物种发现之一，科学家无法将它们归属于任何已知物种，以至于专门为它们划分了一个属。在接下来的几年中，科学家对这个新物种抱有极大的兴趣，也设法捕捉到了一些野生中南大羚，但由于当时缺乏相关经验，最终只有一只被安全放归野外。从那以后，中南大羚就好像躲起来了，很长时间都没有人看到它们的踪影。直到多年以后，有了可以进行影像记录的新式陷阱出现，科学家才有机会再次发现它们的存在，并且根据观察数据大致推断出了它们的种群的数量和生活范围。它们很可能就生活在老挝和越南之间的热带雨林内。中南大羚独特的外表特征与其他所有亚洲的野牛不同，让学者们很难将其划分进已知的动物科属中去。它们外形似羚羊，肩高仅约80厘米，重约90千克；颜色一般为深茶色，其个体颜色从红棕色到近黑色不等；上半身的毛发短而细、有光泽，头部和颈部的毛发更短；鼻子上有以特殊方式排列的白色斑点；角长约50厘米，笔直且尖锐，略向后弯曲，和羚羊角相似。鉴于此，科学家最终将它们划分到一个单独的属——中南大羚属，这是专门为该物种独立划分的科属。一直以来关于野生中南大羚的信息非常少，而且这些信息很难得到验证，大部分来自当地居民的证词。

根据已知的信息，中南大羚这个物种主要分布在老挝和越南中北部边界上的森林周围，分布范围总面积不超过15000平方千米，而且暂时还无法确定南北界限。中南大羚的种群数量很少，全球现存数量粗略估计约750头，实际上可能远低于这个数字。因此，中南大羚被认为是濒临灭绝的物种。

第四章 丛林中的飞行者

毫无疑问，飞行是最快的移动方式。在地球上漫长的生命进化史中，有无数种成功进化出了翅膀的生物：从昆虫——有史以来最古老的飞行动物，到翼龙——已经灭绝了数千万年的当代鸟类的恐龙祖先，再到蝙蝠。这些都是可以飞行的动物。

如果当年达尔文在物种探索之旅中有机会来到亚洲丛林，他很可能会把这里比喻成一个实验室。因为动物们为了能够飞行，一直在不断进化中。

事实上，除了鸟类和昆虫以外的飞行动物的数量，在这个世界上没有其他地方能与亚洲丛林相媲美。除了蝙蝠，还有许多其他哺乳动物能够从一棵树飞到另一棵树（当然长臂猿在空中表演的“飞行杂技”不算在内），无翼飞行简直就是一个伟大的奇迹。

有些爬行动物和两栖动物甚至也进化出了飞行的能力。不得不令人惊叹，亚洲丛林几乎可以被称为“飞行动物的丛林”。

左图，一只狐蝠正在飞行，它们的两翼展开后宽度可超过 1.5 米

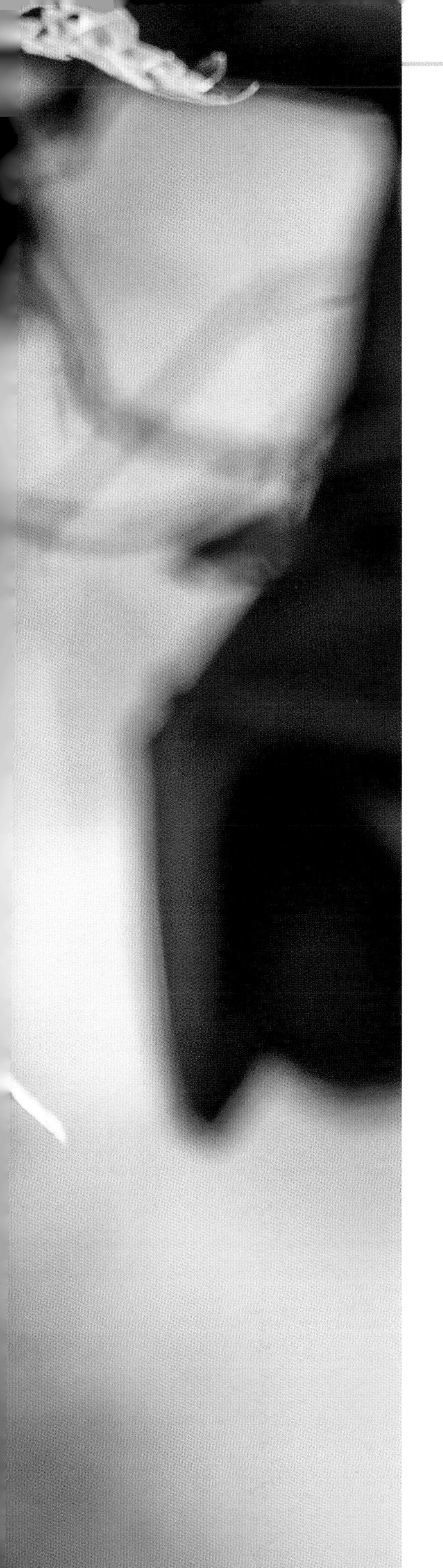

飞行的哺乳动物

在进化中，蝙蝠成功地将前肢进化成了翅膀，使其能够翱翔于天空。对于某些哺乳动物来说，这种空中冒险之旅才刚刚开始。

狐蝠

狐蝠是世界上最大的蝙蝠种类。顾名思义，它们的头形似狐，口吻长而凸出，很容易让人联想起狐狸，尤其像尖嘴和毛色金红的狐狸，因此名为狐蝠。它们黑色的两翼展开后宽度可达 1.5 米。

这种巨大的蝙蝠有许多不同物种，广泛分布在马达加斯加到印度洋诸岛，以及整个亚洲热带地区直至澳大利亚。

狐蝠是植食性动物，通常只以水果为食。热带森林是其非常理想的栖息地，因为这里全年盛产各种品类的水果。

狐蝠更喜欢栖息在森林中较高的地方，会选择密度较小甚至无叶的树木作为自己的居所。白天的时

页码 98~99，雌性狐蝠飞行时会带着幼崽一起，小狐蝠宝宝会紧紧地抓住母亲腹部的皮毛
上图，狐蝠会成群结队地聚集在一起倒挂在树上
右图，鼯猴是森林里会飞的哺乳动物中最好的“滑翔家”

候，它们会聚集在树上休息。直至黄昏时分，它们才开始活动觅食，飞行着找寻食物，有时甚至能长途飞行几十千米。

当狐蝠成群结队地一起飞行时，场面是非常壮观的，成千上万的巨大狐蝠会组成一片移动的“乌云”。狐蝠的飞行习性与小型蝙蝠有很大不同，但是与大型鸟类的飞行习性类似。另外，狐蝠无法使用回声定位系统。也就是说，它们无法像其他蝙蝠一样使用超声波定向和感知物体。

到了黎明时分，它们又会重新回到作为固定居所的树上。狐蝠的叫声与小鸟一样是叽叽喳喳的声音，从很远的地方就可以听到。

鼯猴

鼯猴是皮翼目动物仅有的一科，包括两个非常相似的物种：菲律宾鼯猴和斑鼯猴。它们又被称为猫猴、飞猴，属于哺乳动物，因体侧自颈部至尾部有翼膜，状似鼯鼠，面部又像狐猴而得名。鼯猴的体长约 0.4 米，体重约 2 千克，是典型的树栖动物，以果实和树叶为食。

它们最显著的特征是体侧自颈部直至尾部的大而薄的滑翔膜。

当鼯猴从树上跳下时，会展开双臂，打开滑翔膜，完美地向下滑行。在快要接触物体表面（通常是树的树干）之前，它们会快速地用脚踩踏树皮作缓冲，然后继续跳跃，开始下一次飞行。

鼯猴滑翔能力很强，每次滑翔 100 米左右仅下降几米的高度。借助这个技能，它们能够快速移动，甚至能从最敏捷的食肉动物手中逃走。

鼯猴是典型的夜行性动物，但当它们受到威胁时，也可以在白天飞行。

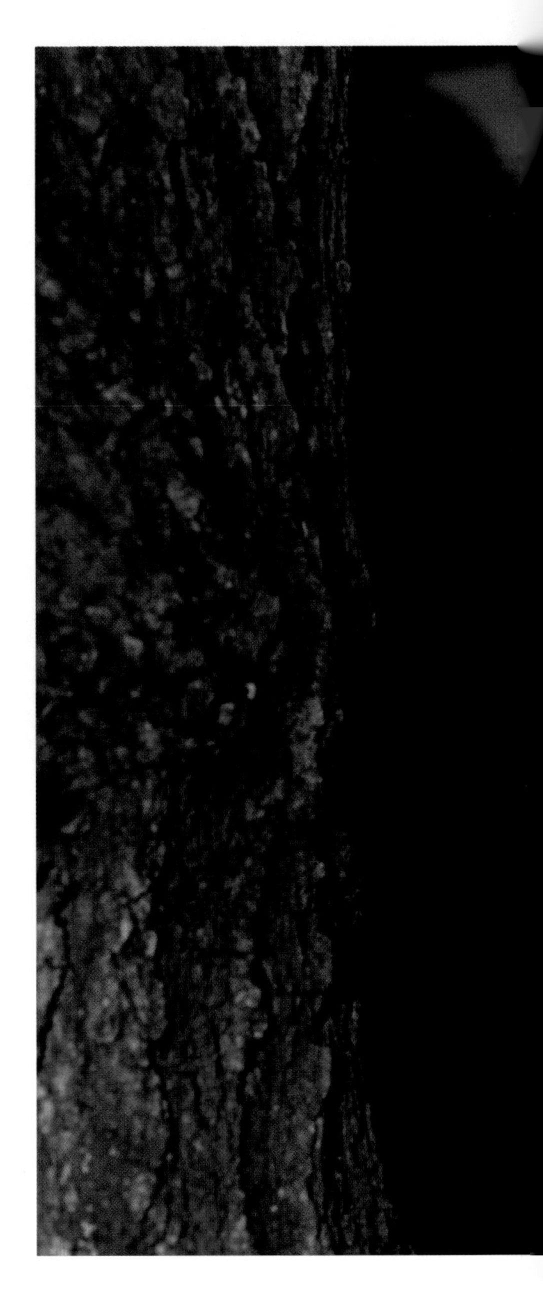

当趴在树上休息时，鼯猴会将皮膜收缩在前肢下，与树皮颜色相似的身体毛色让它们能够完美地隐藏于树皮背景中。

菲律宾鼯猴主要分布在东南亚的南部大陆和岛屿的大部分地区，而斑鼯猴则是菲律宾的特有物种。鼯猴的天敌主要是食猿雕，而食猿雕与南美洲安第斯神鹫是世界上两种最强大的鹰。不过，虽然鼯猴并不属于易危动物，但它们的天敌却有灭绝的危险。

飞鼠

飞鼠属于松鼠科，又名鼯鼠。除了惊人的敏捷性之外，其前腿与后腿结合在一起的弹跳力还让其具有在树木之间滑翔的能力。

飞行前，它们会在树梢上纵身一跃，展开四肢。原本折叠在四肢间的一个宽大皮膜就会展开，可以让飞鼠滑翔得很远。飞行时，飞鼠的尾巴会呈扁平状，毛发横向排列，帮助它们在飞行过程中调整方向。

松鼠科在北美、欧洲和北亚分布有各种各样的物种，而东南亚的森林拥有最多的松鼠科物种。其中一些物种的体型大小与大飞鼠相似，体长超过50厘米，有长长的尾巴。又例如，白腹低泡飞鼠是一种

页码 102~103，飞鼠飞行时的动作分解

娇小可爱的动物，体长不超过 10 厘米，也有一条长长的尾巴，体重仅为 50~60 克。

如身体的其余部分一样，飞鼠的翅膜也覆盖着柔软的毛发，使飞鼠的滑行能力与鼯猴相当。而且，其滑行能力与不同物种的体型大小成正比。

飞鼠是杂食性动物，除了以水果、种子和树叶为食，它们还会捕食一些昆虫和无脊椎动物。

松鼠科物种的生存情况并不相同，有些种类的生存情况不容乐观，而有些物种（例如大松鼠）则不属于易危物种。

跳跃！

飞鼠的飞行原理与滑翔伞类似。在滑行过程中，飞鼠尾巴侧面两排的尾毛会横向排列变成方向舵，用于控制飞行方向。在快抵达落地点时，它们的身体会处于静止垂直状态，为落地前的减速做好准备。

会飞的蜥蜴、蛇和蛙

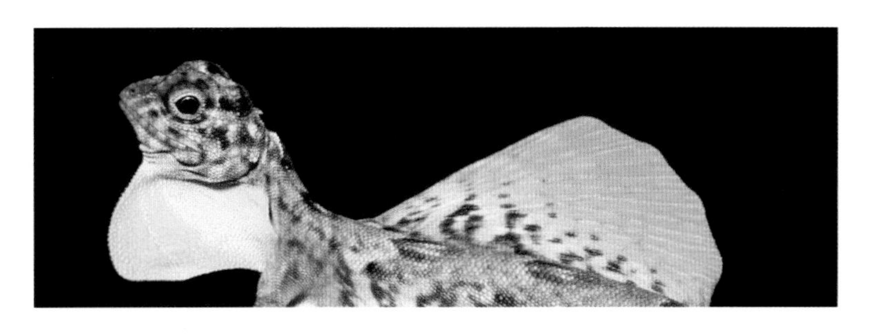

在亚洲南部的热带雨林中，有些动物可以飞行，但还有许多动物不会飞行，正在努力探索的道路上。也许它们在实现真正意义上的飞行之前，还需要数百万年的努力，但今天我们需要的就是这种努力的精神。

飞蜥

飞蜥属于蜥蜴，体长约20厘米。如果不是它们拥有飞行技能，人们可能不会关注这个物种。

飞蜥属包括40多个种类，各种类之间的大小和外形都非常相似，都栖息在亚洲热带雨林地区。

当它们紧紧贴在树皮上时，会模拟树皮的颜色，所以很难被发现。当受到威胁和惊扰时，它们就会打开身体侧面的一对彩色“翅膀”，起到威慑侵略者的作用，然后迅速起飞逃走。

飞蜥的翅膀是一块由细长且可

活动的肋骨支撑起来的皮肤薄膜，可以像滑翔伞一样打开，它们的飞行距离可达100米。

每个飞蜥属物种都有代表自己特征的不同颜色的“翅膀”，色彩非常鲜艳。在求偶时，雄性飞蜥会向雌性飞蜥展示自己美丽的翅膀。虽然雌性也有“翅膀”，但通常颜色较暗。

除了一两种飞蜥的种类被认为是易危物种以外，大部分飞蜥都不属于易危物种。不过，许多物种的数据还不是很充足，因此现在的研究成果与种群的实际情况可能不符。

飞行壁虎

飞行壁虎的飞行能力与飞蜥相似。不过飞行壁虎并不经常飞行，大部分时间是“隐身”在树皮上，很难被发现。

当它们在树皮上隐身时，会用表皮鳞片模拟身下的树皮色彩。飞行壁虎看起来就像真正“变成”了树皮：它们会模仿树干不规则的纹理和色彩，即使近距离仔细观察也让人很难区分。这是动物模拟大自然最令人惊奇的案例之一。

飞行壁虎通过扩大整个身体的皮肤表皮来进行滑翔，包括尾巴和腿部。它们会保持紧张的状态，飞行距离大约能到50米。当快要落地时，它们会瞬间收起扩张的皮肤表皮，直至降落在平坦的地方，再次紧贴于另一棵树的树皮上。

飞行壁虎主要分布在印度东部到东南亚、尼科巴群岛和菲律宾等许多地方的热带雨林。飞行壁虎有不同的物种，由于非法捕猎，它们正处于危险之中。

小百科

“高科技”的四爪

如果有人和你说壁虎的腿可以贴在玻璃上——你要相信，这其实是真的！壁虎的腿可被定义为拥有“高科技”的腿，因为它们利用了分子间互相吸引的物理原理——“范德华力”。

这解释起来非常复杂，奥秘就在于壁虎爪子的手指下方存在着数百万根刚毛，它们能够利用这些磁力黏附在光滑的材料（例如玻璃）上。当壁虎行走在粗糙的墙壁上，这些刚毛还可以直接钩在墙壁表面凹凸不平的缝隙上。

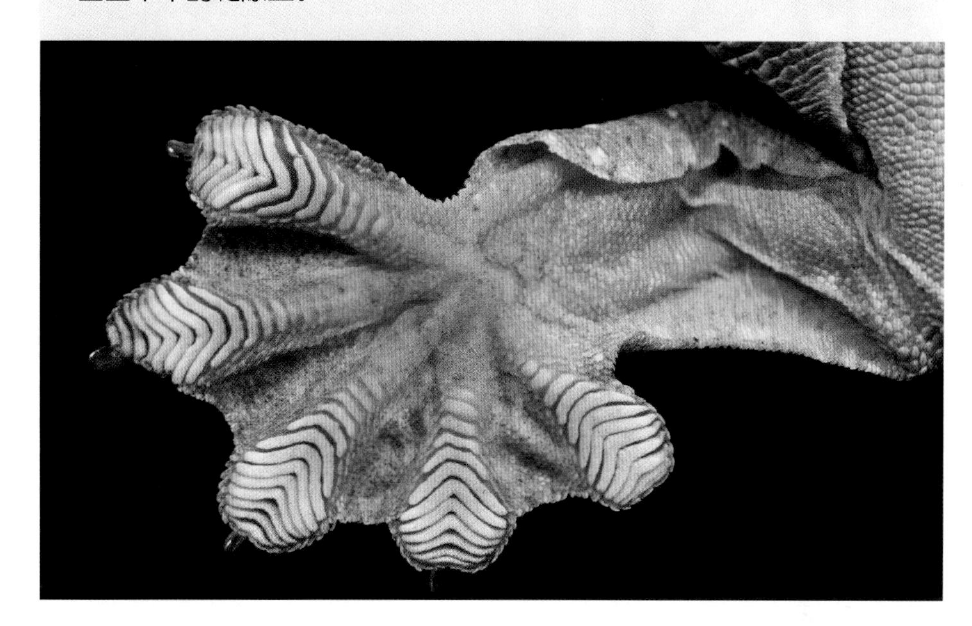

页码104~105，一条飞蜥正在张开“胸翅”飞翔

左图，飞行壁虎腿和尾巴上的皮肤表皮会在飞行时扩张开来

飞蛇

人类一直幻想蛇会飞的样子，但是亚洲丛林中真的存在一种能够飞翔的蛇。

它们是隶属于游蛇科家族的金花蛇属，共有5种。其中最著名的是天堂金花蛇，其优雅美丽的鳞片上点缀着黑色、白色和橙红色，长约150厘米。飞蛇是树栖动物，能够从树顶发射起飞，可以滑行长达100米的距离。

飞蛇的飞行技术非常有特色：它们通过将肋骨最大程度地水平展开，来使身体变得扁平，并且不断

上图，天堂金花蛇将身体扁平化，在树与树之间飞来飞去
右图和页码 110~111，华莱士发现的飞蛙是众多飞蛙中体型最大的一种

起伏产生波动。它们在运动时就好像在空中游泳一样。通过这种方式，它们可以控制飞行姿态和方向。

飞蛇只具有中等毒性，对人类没有太大危害。

飞蛙

在其他大陆上，许多树蛙也具备飞行的能力。其中，亚洲森林中最著名的具有飞行能力的树蛙是飞蛙。这个物种是由伟大的科学家、“当代的达尔文”——华莱士在马来群岛旅行时发现的。

飞蛙是树蛙中体型最大的物种之一，体长可达约 10 厘米（不包括腿），四肢的指头都非常长，中间通过膜相连。当飞蛙从其附着的树枝上跳下来时，会张开手掌、脚掌，打开与手指、脚趾相连的薄膜。通过这种方式，飞蛙的四肢看起来就像四个大型降落伞，可支持它们滑行 10~15 米。实际上与飞行相比，这其实属于“飞跃”，但与其他树蛙的简单跳跃相比，这已经是一个不错的“飞行成绩”了。

图书在版编目（CIP）数据

亚洲的神秘丛林 / [意] 克里斯蒂娜·班菲，[意] 克里斯蒂娜·佩拉波尼，[意] 丽塔·夏沃编著；徐倩倩译 . — 成都：四川教育出版社，2020.7

（国家地理动物百科全书）

ISBN 978-7-5408-7329-5

Ⅰ . ①亚… Ⅱ . ①克…②克…③丽…④徐… Ⅲ . ①森林动物 – 普及读物 Ⅳ . ① Q95-49

中国版本图书馆 CIP 数据核字（2020）第 101319 号

GUOJIA DILI DONGWU BAIKE QUANSHU　YAZHOU DE SHENMI CONGLIN

国家地理动物百科全书　亚洲的神秘丛林

出 品 人　雷　华
特约策划　长颈鹿亲子童书馆
责任编辑　杨　波
封面设计　吕宜昌
责任印制　李　蓉　刘　兵
出版发行　四川教育出版社
　　地　　址　四川省成都市黄荆路 13 号
　　邮政编码　610225
　　网　　址　www.chuanjiaoshe.com
印　　刷　雅迪云印（天津）科技有限公司
版　　次　2020 年 10 月第 1 版
印　　次　2020 年 10 月第 1 次印刷
成品规格　230mm × 290mm
印　　张　16
书　　号　ISBN 978-7-5408-7329-5
定　　价　98.00 元

如发现印装质量问题，请与本社联系。
总编室电话：（028）86259381　营销电话：（028）86259605
邮购电话：（028）86259605　编辑部电话：（028）85636143